身近なモノを **はかる** **かぞえる** 基準がわかる！

算数っておもしろい！！

単位のひみつ
モノの数え方

サイエンスナビゲーター®
監修 桜井 進

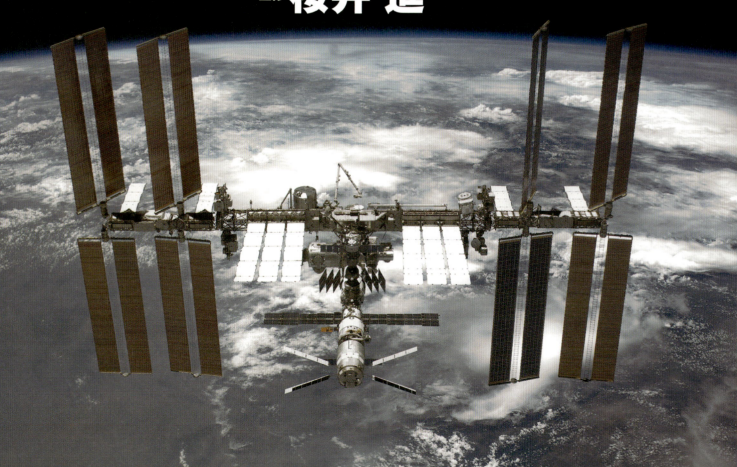

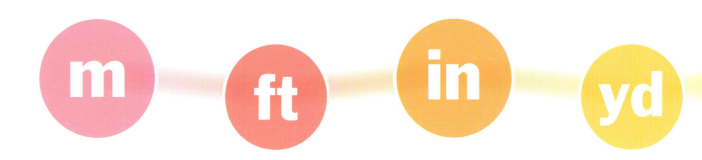

単位とともにあ

人々をつなぐ言葉

　私たちは地球で生きています。私たちは地球上で多くの人々と協力して生きていくようになりました。衣食住は人間が生きる基本ですが、人間社会がどんどん大きくなるにつれ衣食住を支える「数える」「はかる」ことが重要になっていきました。そして言葉もまた、私たちになくてはならない大切なものです。

　私たち人類は数千年をかけて「数える」「はかる」ための言葉をつくりだしてきました。それは、同時に「数える」「はかる」ための言葉が生きている新しい世界が発見されたことを意味します。たとえば「アンペア」という単位によって「電気」の世界が見えてきます。

単位を知ることで見えてくる世界

　気がつけば私たちは現在、たくさんの単位とともに暮らしています。その昔、単位はありませんでした。単位がたくさんあるということは、その一つ一つがつくられてきたことを意味しています。

　いつ、だれによって、なぜ、どのようにして単位が考えだされたのでしょ

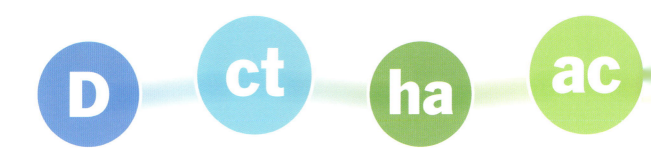

る私たちの社会

　うか。単位はだまっていて何も語ってくれません。しかし、単位が現在の私たちの社会を支えてくれていることは誰にもあきらかです。

　単位はひとたび誕生すればその瞬間から単位を使う人に影響を与えはじめます。単位は人々に役に立つために生まれてきたのですから。長さの単位であるメートルが誕生して二百数十年。人類がメートルを手にするまでに数千年の間、さなざまな長さの単位が生まれては消えていきました。そこには数え切れない物語があります。単位に代わってその物語を語るのが本書の役割です。

　単位の物語を知れば知るほど、私たちがこれまでどのように地球で生きてきたのか、人類の歴史を知ることになります。単位をとおしてその単位が生きている世界を知ることにもなるでしょう。まさに単位を知ることは冒険です。未知の単位がみなさんとの出会いを待っています。単位の世界の大冒険にでかけましょう。

サイエンスナビゲーター® **桜井 進**

身近なモノを はかる かぞえる 基準がわかる！
算数っておもしろい！ 単位のひみつ モノの数え方

- ■ はじめに　単位とともにある私たちの社会 ………… 2
- ■ この本の使い方 …………………………………… 8

パート1　数え方のふしぎ

身のまわりの物の数え方❶
生き物 …………………………………… 12

身のまわりの物の数え方❷
植物 ……………………………………… 14

身のまわりの物の数え方❸
食べ物 …………………………………… 16

身のまわりの物の数え方❹
建物、乗り物 …………………………… 20

身のまわりの物の数え方❺
家具、電化製品 ………………………… 24

身のまわりの物の数え方❻
衣類、身につける物 …………………… 26

身のまわりの物の数え方❼
見る物、読む物 ………………………… 28

身のまわりの物の数え方❽
人間や人間の形をした物 ……………… 30

世界はどうやって数えている？
数え方 …………………………………… 32

パート2　単位のひみつ

世界は単位であふれている！ ………… 34
身近にある単位を探そう！ …………… 36

単位の歴史❶
王様の体の一部を基準に
単位が生まれる ………………………… 38

単位の歴史❷
フランス革命がきっかけとなり、
長さの単位の統一がはじまる ………… 40

単位の歴史❸
あらゆる世界共通の単位を
定める国際度量衡総会 ………………… 42

基本となる7つの単位 ………………… 44
どうはかるか！ 長さ …………………… 46
どうはかるか！ 重さ …………………… 48
どうはかるか！ 温度 …………………… 49
地球や宇宙の大きな単位 ……………… 50
宇宙はとてつもなく大きい！ ………… 52

もしも？の話
単位のない世界 ………………………… 54

もくじ

パート3 長さの単位

長さのはじまり	56
メートル　m	58
メートルとその仲間	60
メートルのあれこれ	62
フィート、インチ　ft in	64
フィート、インチのあれこれ	66
ヤード　yd	68
マイル　mi	70
海里　nm	72
尺、寸	74
丈、間、町、里	76
光年　ly	78
星座までの距離	80
●くらべてみよう！　長さの単位	82
●世界のふしぎな単位❶　長さ	84

パート4 重さの単位

はじまりはシケル	86
キログラム　kg	88
キログラムとその仲間	90
キログラムのおもしろい話	92
トン　t	94
ポンド　lb	96
ポンドのおもしろい話	98
貫、匁	100
日本で使われていた重さの単位	102
デニール　D	104
カラット　ct	106
●くらべてみよう！　重さの単位	108
●世界のふしぎな単位❷　重さ	110

5

パート5 面積と体積の単位

- 平方メートル `m²` ……… 112
- 平方メートルとその仲間 ……… 114
- 平方メートルのおもしろい話 ……… 116
- 日本と世界の面積の大小 ……… 118
- 日本の広い施設いろいろ ……… 120
- アール、ヘクタール `a ha` ……… 122
- エーカー `ac` ……… 124
- 反、町、畝、歩 ……… 126
- 日本で使われている面積の単位 ……… 128
- 立方メートル `m³` ……… 130
- リットル `L` ……… 132
- リットルとその仲間 ……… 134
- ガロン `gal` ……… 136
- バレル `bbl` ……… 138
- 石、斗、升、合 ……… 140
- ●くらべてみよう！ 面積や体積の単位 ……… 142
- ●世界のふしぎな単位❸ 面積 ……… 144

パート6 時間と速さの単位

- 秒 `s` ……… 146
- 時間を表すさまざまな単位 ……… 148
- 週、月 `w mon` ……… 150
- 時間のあれこれ ……… 152
- キロメートル毎時 `km/h` ……… 154
- 速度のいろいろ ……… 156
- ノット `kt` ……… 158
- マッハ `M` ……… 160
- ビーピーエス `bps` ……… 162
- 刻 ……… 164
- ●くらべてみよう！ 速さの単位 ……… 166
- ●世界のふしぎな単位❹ 速さ ……… 168

パート7 明るさ・音・電気の単位

- カンデラ `cd` ……… 170
- ルーメン、ルクス `lm lx` ……… 172
- さまざまな明るさ ……… 174
- 等級 ……… 176
- アンペア `A` ……… 178
- ボルト `V` ……… 180
- 電気が家に届くまで ……… 182
- ワット `W` ……… 184

オーム Ω	186
ヘルツ Hz	188
さまざまな周波数	190
デシベル dB	192
テスラ T	194
シーベルト Sv	196
自然界にある放射線の量	198
ビット、バイト b B	200
ドット dot	202
ディーピーアイ dpi	204
ピクセル px	206
●世界のふしぎな単位⑤ 音	208

パート8 力・エネルギー・温度の単位

カロリー cal	210
さまざまな活動と消費カロリー	212
ジュール J	214
ニュートン N	216
重力の話	218
パスカル Pa	220
パスカルの実験	222
マグニチュード、震度 M	224
地震のふしぎとひみつ	226
知っておきたい大地震の話	228
ピーエッチ pH	230

度 ℃	232
さまざまな温度のひみつ	234
世界と日本のびっくり温度	236
ケルビン K	238
●世界のふしぎな単位⑥ 力	240

おまけ 単位の仲間

パーセント %	242
いろいろな確率と割合	244
指数	246
■50音順さくいん	248
■単位記号さくいん	254

【主要参考文献】
『万物の尺度を求めて』ケン・オールダー著、吉田三知世訳（早川書房）
『算数なるほど大図鑑』桜井進監修（ナツメ社）
『数学のリアル』桜井進著（東京書籍）
『丸善 単位の辞典』二村隆夫監修（丸善）
『数え方の辞典』飯田朝子著、町田健監修（小学館）
『数え方のえほん』髙野紀子著（あすなろ書房）
『目で見てわかる身近な単位』子供の科学編集部編、ガリレオ工房監修（誠文堂新光社）
『目でみる1ミリメートルの図鑑』こどもくらぶ編（東京書籍）
『目でみる単位の図鑑』丸山一彦監修、こどもくらぶ編（東京書籍）
『単位にくわしくなる絵事典』PHP研究所編（PHP研究所）
『「物理・化学」の単位・記号がまとめてわかる事典』齋藤勝裕著（ベレ出版）
『こんなにおもしろい単位』白鳥敬著（誠文堂新光社）
『「はかり」と「くらし」』小島麗逸・大岩川嫩編（アジア経済研究所）
『なるほど単位 長さ［m］』平川光則著（日刊工業新聞社）
『単位がわかると物理がわかる』和田純夫・大上雅史・根本和昭著（ベレ出版）
『単位のトリビア』西園寺剛行・関根康明・中埜正一著（日本理工出版会）
『単位の歴史―測る・計る・量る』イアン・ホワイトロー著、冨永星訳（大月書店）
『知っておきたい単位の知識200』伊藤幸夫・寒川陽美著（SBクリエイティブ）
『単位171の新知識』星田直彦著（講談社）
『新版 単位の小事典』高木仁三郎著（岩波書店）
『天才たちのつくった単位の世界』高橋典嗣監修（綜合図書）

この本の使い方

この本では、身近なモノの「数え方」とモノをはかるときの基準となる「単位」のふしぎとひみつを解説しています。単位がどこで使われていて、どんな成り立ちでつくられたのかがわかります。

数え方のふしぎ
単位のひみつ
いろいろな単位

この本では、くらしの中にある「数え方」と「単位」を3つのテーマに分けて紹介していきます。

「いろいろな単位」のページ

名前と記号
単位の名前と記号だよ。

ヤード　yd

長さの単位「ヤード」は、アメリカを中心に使われている。日本では、ゴルフ場で見かけることがある長さの単位だよ。

特ちょう
単位の特ちょうを簡単に説明しているよ。

130YARD（ヤード）が、このゴルフコースの長さだね。

数え方と単位のふしぎな世界を案内しよう！

桜井先生
解説をしてくれる「サイエンスナビゲーター®」の桜井進先生。数え方や単位のことは、何でも知っているよ。

どうやってできた？ 王様の体の一部をもとにしてつくられた

ヤードの起源には、さまざまな説があります。代表的な説は、キュービット（56ページ）をふたつならべたダブルキュービットを1ヤードとしたというもの。もうひとつは、1歩の間隔であるフィート（フート）からつくられたという説です。3フィートが1ヤードにあたり、フィートのあとにヤードが成立したともいわれます。また、12世紀初頭のイングランド王・ヘンリー1世が、うでを前につき出したときの「鼻先から親指までの長さ」を1ヤードと決めたという説もあります。いずれにしても、体の一部分が基準になって生まれた単位が「ヤード」なのです。

どうやってできた?
「単位がどうやってつくられたのか」あるいは、「どのようにして単位と認められたのか」などを紹介しているよ。

●ヘンリー1世

▲自分の体をもとにして決めた「ヤード」を使うように命令したとされる。

68

この本のキャラクター

数学のお兄さん

この本を読むみんなといっしょに、数え方と単位について考えてくれるよ。

量

計子

---

yd ヤード

パート3 長さ

こんなところで使われている！

アメリカンフットボール　ゴルフ

●アメリカンフットボールのコート

▲5ヤードごとに長い白線が、1ヤードごとに短い白線が引かれている。

どんな単位？

- ゴルフ以外のスポーツでは使われていないの？
- アメリカンフットボールでも使われているよ。じつは、ゴルフでヤードを使っているのはアメリカ、イギリス、そして日本ぐらい。それ以外の国ではメートルが使われているんだ。
- どうして、日本のゴルフではメートルを使わないの？
- 日本でもメートルが使われたことはあったけれど、ゴルフをする人がわかりにくいと反発したせいで、今もヤードが使われているんだ。

ヤードの びっくり する話

「1ヤード」の長さは国によってちがっていた！

昔は、1ヤードの長さは地域・時代・用途によってバラバラでした。ヤードのはじまりに複数の説があるのは、長さのちがう「ヤード」があったからともいわれています。

そんな不便な状態が続くなか、1824年にイギリスで度量衡法が定められ、1ヤードの長さは1メートルより少し短い、約0.9143984メートルに統一されました。その後、1959年にアメリカ、カナダ、ニュージーランド、南アフリカ、オーストラリアの6カ国が話し合って1ヤード0.9144メートルという「国際ヤード」が決まりました。

1ヤード＝ 0.9144 メートル
（国際ヤード）

↓

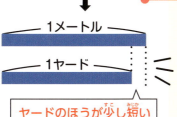

1メートル
1ヤード

ヤードのほうが少し短い

こんなところで使われている！
単位がどんな場所やモノに使われているかを、イラストや写真で紹介するよ。

どんな単位？
単位についてのそぼくな疑問を、数学のお兄さんとの会話で解決するよ。

こぼれ話コラム
「びっくりする話」「なるほど話」「へぇ〜な話」など、単位にまつわるこぼれ話を紹介するよ。

「数え方のふしぎ」のページ

身近な数えるモノだよ。

数えるモノと数え方は、すべてイラストになっているよ。

数え方についての解説だよ。読み方のちがいもココを読めばわかるんだ。

※一つのモノに対する数え方がいくつもある場合があります。この本では、代表的な数え方や特ちょうのある数え方を紹介しています。

「単位のひみつ」のページ

単位がつくられたきっかけや、メートルをはじめとする単位の歴史、単位の種類など、単位にまつわる重要な話を、文とイラスト・写真で紹介するよ。

単位とは何かをくわしく説明するよ。

パート1

数え方のふしぎ

※一つのモノに対する数え方がいくつもある場合があります。この本では、代表的な数え方や特ちょうのある数え方を紹介しています。

身のまわりの物の数え方①
生き物

イヌやウサギ、ニワトリなどの動物は、種類によって数え方がいろいろ。大きさや形によっても数え方が変わる。例外もあるので注意してね。

←抱きかかえられる　→抱きかかえられない

「匹」「頭」で数える動物

陸に住む動物は、人間の成人が抱きかかえられるくらいの大きさは「匹」、人間の成人が抱きかかえられないほどの大きさは「頭」と数えます。

人間の成人と同じくらいの大きさの動物は、「頭」とも「匹」とも数えることもあります。

鳥類は「羽」と数えますが、例外として、ウサギも「羽」と数えることがあります。これは、昔はウサギが鳥の仲間ととらえられていたからという説をはじめ、いくつかの説があります。

数え方	読み方
1匹	いっぴき
2匹	にひき
3匹	さんびき
4匹	よんひき
5匹	ごひき
6匹	ろっぴき
7匹	ななひき
8匹	はっぴき／はちひき
9匹	きゅうひき
10匹	じっぴき／じゅっぴき

12

クジャクは大きく広げた羽が扇のように見えることから「面」と数えるよ。

同じ生き物でも、いろんな数え方があるって、ふしぎね！

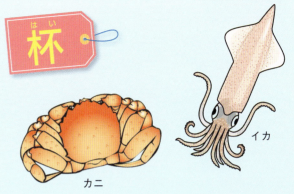

「匹」「尾」などで数える魚

　サンマやイワシなどの魚、イカ、カニなどの生きている魚介は「匹」と数えます。ただ、細長い魚やウナギは「本」、平べったい魚は「枚」と数えることもあります。

　お店に商品としてならぶイカやカニなどは、ふくらんだ形の容器に形が似ているので「杯」と数えることもあります。

　エビや魚などがお店に商品としてならぶときは「尾」と数えます。調理をして切り身になると「枚」となり、数え方が変化します。

なるほど！ 虫の数え方

　虫は「匹」と数えますが、例外として、さなぎの状態のときは「個」と数えます。チョウを「頭」と数えることがあります。これは、めずらしいチョウを動物園で飼育していた際、ほかの動物とまとめて「頭」と数えていたことが由来とされています。

　高価なカブトムシやクワガタムシなども「頭」と数えることがあります。

パート1　数え方のふしぎ

身のまわりの物の数え方②
植物

木や花の数え方は形や種類によってさまざま。花びらの形や植え方の状態で数え方が変わったりする。覚えておこう。

「本」で数える樹木や草木

　樹木は背の高さや太さで数え方がちがいます。背の高い木や細長い木は「本」、低い木や花の苗、木の株は「株」と数えます。
　草木などの植物は、茎が1本のものは「本」、かり取る前のイネのように、根本から複数の茎に枝分かれしているものは「株」と数えます。
　林や草むらなど、植物がたくさん生えている場所を「1むら」「2むら」と数えることもあります。

「輪」「束」で数える花

　ヒマワリやヒメユリなど、丸く花びらを広げる花は「輪」と数えます。1本の茎にたくさん花をさかせる花は「ひとつ、ふたつ……」や「1個、2個……」と数えます。
　根をとって花びんにさすこともある切り花の状態になると「本」、数本たばねると「束」と数えます。鉢植えや盆栽のように鉢に植えられている場合は、「鉢」と数えることもあります。
　また、花びらは「枚」と数えますが、散ると「片」と数えます。

低木とよばれる3メートルぐらいまでしか育たない木は「株」と数えるよ。

草むらを「むら」って数えるって……そのまんまじゃん！

パート1 数え方のふしぎ

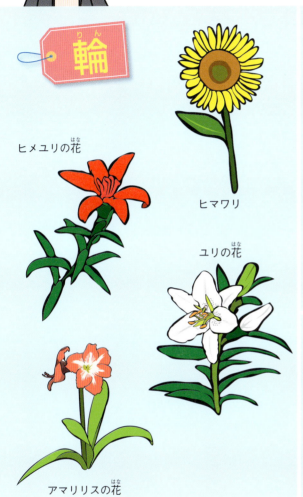

輪

ヒメユリの花
ヒマワリ
ユリの花
アマリリスの花

束

花束

鉢

鉢植え

個

クルミ
球根

「個」で数える種や球根

　植物の種は大きさによって数え方がちがいます。米粒やゴマくらいの大きさなら「粒」、あんぱんの上にかかっているケシの実くらいなら「顆」、梅の種くらいの大きさなら「個」と数えます。
　植物の球根は「個」と数えますが、その形が丸いものは「玉」や「球」と数えることもあります。木の実は、クルミなどの大きいものは「個」、ナンテンなどの小さな木の実は「粒」と数えます。

なるほど！ 植物の数え方

　植物の茎や根っこは「本」と数えます。平べったい葉は「枚」と数えますが、マツやスギなどの細い葉は「本」と数えます。
　三つ葉や四つ葉のクローバーのように、ひとつの軸から出ている葉は「ひとつ、ふたつ……」と数えます。

15

身のまわりの物の数え方③
食べ物

野菜や果物、肉は形で、料理はもりつける器によって数え方がちがうんだ。ブロッコリーやバナナは、変わった数え方をするよ。

「本」「個」で数える野菜と果物

野菜や果物は形によって数え方が変わります。細長いものは「本」、そうでないものは「個」と数えます。キャベツやレタス、スイカなど丸くて大きいものは「玉」、ブロッコリーなどは「株」です。ブドウやバナナなど実が集まっているものは「房」と数えます。

また、イチゴやサクランボなど、指でつまめる大きさのものは「粒」と数えます。パイナップルは、皮をむく前の実は「個」で数えますが、切り分けたあとは「切れ」と数えます。

数え方	読み方
1切れ	ひときれ
2切れ	ふたきれ
3切れ	みきれ／さんきれ
4切れ	よきれ／よんきれ
5切れ	ごきれ
6切れ	ろっきれ
7切れ	ななきれ
8切れ	はちきれ
9切れ	きゅうきれ
10切れ	じっきれ／じゅっきれ

おいしそうな食べ物がならんでいるね。ぼくはパイナップルが大好きだ！

わたしは、サイコロステーキ1片より、ステーキ1枚がいいなあ。

パート1 数え方のふしぎ

房

ブドウ
バナナ

粒

イチゴ
サクランボ

片

サイコロステーキ

塊

ブロック肉
ブロック肉（ロース）

枚

ステーキ

豚バラ肉

牛バラ肉

羽

とり肉（丸ごと）

肉の数え方

　肉の数え方は、見た目で変わります。ここでは、焼いたり煮たりと調理する前の数え方を紹介します。

　平べったい形をしたステーキ用の肉は「枚」、サイコロステーキのような形になると「片」で数えます。さらに細かくカットされた肉は「切れ」で数えます。反対に、カットする前の大きなブロック肉は「塊」で数えます。とり肉の丸ごとの状態は、生きているときと同じ「羽」で数えます。

びっくり！ マグロの数え方

　魚のマグロは生きているうちは、「匹」で数えますが、水あげされて市場で取引されるときは「本」になります。店で売られる前の頭と背骨を落とした半身の半分は「丁」と数えます。

　さらにそこからブロック状にしたものを「塊」、それを切り分けると「さく」、一口の大きさにした状態を「切れ」と数えます。

17

晩ごはんを食べる前に、それぞれの料理をどうやって数えるか考えてみよう！

今日の晩ごはんは、カツ丼2杯食べたい！

食器で変わる料理の数え方

　料理の品数を数えるときは、「品」か「品」が使われます。ただし、食器の数で料理を数えるときは、食器によって数え方が変わります。
　たとえば、上で紹介しているように茶わんに入ったごはんは「膳」、おわんに入ったみそ汁は「椀」、おかずがもられた平たい皿の料理は「皿」と数えます。ちなみに、食事で使うときの箸は、2本で「膳」と数えます。
　また、とうふやおひたしなどが入った小さくて深い皿は「小鉢」といい、「鉢」と数えます。

「折」「重」で数える料理

　箱に入った弁当や、お正月に食べるおせち料理は「折」と数えます。これらは今もたまに見かけることがありますが、紙を折った箱に入っていたことが由来です。また、おせち料理はうな重と同じように重箱に入っているため、「重」と数えることもあります。
　寿司は「貫」と数えます。ちなみに、寿司をのせる木の板を「寿司げた」といいます。これは「枚」と数えます。ラーメンやどんぶり料理は「杯」と数えます。

おなかがすいてきちゃった。ケーキを1台まるごと食べたい！

そ、そうだね。でも1台は、さすがに食べ切れないんじゃないかな……。

飲み物やお菓子の数え方

　飲み物も、容器によって数え方が変わります。コップやグラスだと「杯」、小型の紙パックだと「パック」と数えます。缶やびんに入っているときは「本」と数えますが、そのまま「缶」や「びん」と数えることもあります。食べ物が入っている缶づめは、「缶」と数えます。
　みんなが大好きなお菓子のうち、丸いホールケーキは「台」と数えます。ようかんは、切り分ける前は「棹」と数えます。ケーキもようかんも、切り分けると「切れ」と数えます。

なるほど！ とうふの数え方

　とうふは、「丁」と数えます。丁という言葉には、偶数（2で割り切れる数）という意味があるため、昔は2個で1丁と数えていたようです。現在はパックで売られていることから、「パック」と数えることもあります。

パート1 数え方のふしぎ

身のまわりの物の数え方④
建物、乗り物

東京タワーと神社の鳥居と電話ボックスは、同じ数え方をするんだ。人が住んでいる家の中の部屋の数え方にもいろいろあるよ。

「棟」で数えるビル

東京タワーや東京スカイツリーなどの細長い建物は、「基」や「本」と数えます。「基」という数え方は、すえおくモノ、人間ひとりでは動かせないモノを数えるときに使われます。そのため、神社の鳥居や信号機、電話ボックスなども同じように「基」と数えます。

また、マンションや商業ビル、大きな倉庫などの建物は「棟」と数えます。この字は「とう」と読むこともあります。遠くに見える高層ビル群は、「本」と数えることもあります。

「軒」「戸」で数える家

人が住んでいる家やコンビニエンスストアなどの、大きなビルよりも小さな建物は「軒」と数えます。

また、人が住む家のなかでも、とくに大きな建物のことを「豪邸」ということがあります。このような豪邸を数えるときは、「邸」が使われることもあります。

人が住んでいない家や、売り出された家は「戸」と数えます。売り出されたマンションは部屋ごとに「戸」と数えます。

「邸」で数えるような大きな家は、めったに見かけることはないね。

神社の鳥居は「基」で数えるけど、神社は「社」で数えるのか……。

軒 — コンビニエンスストア / 家

室 — 教室

邸 — 大きな家

山 — 山寺

社 — 神社

寺 — 寺

「社」で数える神社

　神社は「社」や「宇」で数えます。「社」は建物ではありませんが、会社を数えるときにも使われます。
　一方の寺は「寺」と数えます。僧侶が山の深いところに開いた寺は、「山」と数えることもあります。また、寺の敷地内にある建物を数えるときは「堂」と数えます。
　大きな学校は、建物ごとに「棟」と数えますが、音楽室や理科室などのそれぞれの教室は「室」と数えます。

なるほど！ 部屋の数え方

　マンションの部屋の数は「間」「室」「部屋」と数えます。ホテルや旅館の部屋の場合は「室」と数えることが多く、ふすまや障子を使って仕切られている和室の部屋を「間」と数えます。
　部屋の広さは畳の数で「畳」と数えます。「間」と合わせて6畳1間などと数えます。

パート1 数え方のふしぎ

たしかに、電車に乗ったら1両目、2両目ってアナウンスしているわ。

船も大きさや種類でいろいろな数え方があるね。

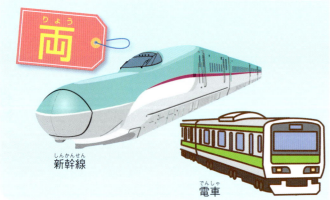

「台」で数える乗り物

　人やモノをのせて、人の力や機械の力で走る自動車や、自転車など道路を走るものは「台」と数えます。
　人力車は「挺」と数えることもあります。電車など線路を走る乗り物は「両」と数えます。「両」は連結された乗り物に使われます。
　エレベーターやエスカレーターなど、建物の中にある乗り物は「基」や「台」で数えます。
　公園にあるブランコなどの大型の遊具は「基」と数えます。

「隻」「艘」「艇」で数える船

　船は、大きさや種類によって数え方が変わります。タンカーや客船など大型の船は「隻」、ボートなどの客船より小さい船は「艘」と数えます。さらに小さい競技用ボートやヨットは「艇」と数えます。
　板をつなげてつくった「いかだ」は平たいので「枚」「床」と数えます。
　船の胴体がふくらんだ形をしていることから、飲み物を入れる器をイメージして「杯」と数えることもあります。

空を飛ぶ乗り物は、「機」で数えるものが多いよ。

エスカレーターは建物の中にあって動かない乗り物だから「基」なんだ！

パート1 数え方のふしぎ

機
飛行機
ヘリコプター
ロケット
熱気球

基
エスカレーター
ブランコ

挺
人力車

「機」で数える飛行機

空を飛ぶ飛行機やヘリコプター、熱気球などは「機」と数えます。宇宙まで飛んでいくロケットも同じように「機」と数えます。ロケットは細長い形をしていることから「本」と数えることもあります。

ただし、飛行機を旅客機、グライダーなどのように乗り物として分類して数える場合は、自動車と同じように「台」と数えます。

空港を発着する旅客機のように、運航されている飛行機は「便」と数えます。

なるほど！ 昔の乗り物

今から約150年以上前まで使われていた乗り物に、輿や駕籠があります。

輿や駕籠は「挺」「丁」などと数えます。「挺」は手に持ってあつかう道具を数える言葉で、輿も駕籠も手で持って運ぶ乗り物のため、「挺」を使って数えていました。

23

身のまわりの物の数え方⑤
家具、電化製品

家の中を見回して、さまざまなものの数え方を調べてみよう。とくに机は使い方によって数え方が変わるから、気をつけよう。

机のいろいろな数え方

　ベッドやソファーは「台」と数えます。イスは「脚」と数えます。
　机の数え方はたくさんあります。学習机は「台」、飲食で使うテーブルは「台」「脚」「卓」と、形や用途により変わりますが、この３つならどの数え方でもまちがいではありません。
　タンスは「棹」と数えます。昔、タンスを運ぶ際に棹をさして運んでいたため、こう数えられるようになったとされています。
　商品として売られる家具は「点」と数えます。

「台」で数える電化製品

　洗濯機や冷蔵庫、テレビなど家庭用の電化製品は「台」と数えます。エアコンは「台」と数えますが、建物に取りつけて動かないことから「基」と数えることもあります。
　照明器具は明かりがつくので「灯」と数えたり、「台」と数えます。中に入っている電球は丸い形だと「玉」と数えたり、細長い蛍光灯なら「本」と数えたりします。
　また、電動歯ブラシや電卓などの小さな電化製品も「台」と数えます。

お鍋やおたまの数え方をママに聞いたけど、「そんなの知らない」って。

料理で使う道具は、「ひとつ」「ふたつ」で数えているかもね。それもまちがいではないよ。

「枚」「点」で数える食器

　調理器具や食器は形によって数え方がちがいます。平べったい皿やフライパンは「枚」と数えます。鍋は「口」で数えます。

　また、商品として売られる食器は「点」と数えます。接待や特別な食事のときに使うティーセットや吸い物のおわんは、「客」と数えることもあります。5客で1「組」と数える習慣もあります。

　グラスは通常「個」と数えますが、飲み物が注がれたあとは「杯」を用いることもあります。

なるほど！ 楽器の数え方

　ピアノのように床に置いて演奏する楽器は「台」で数えます。フルートなどの管楽器やギターは「本」で数えます。太鼓など革や面を張った楽器のうち、大きいモノは「台」、小さいモノは「個」と数えます。「面」や「張」と数えることもあります。

　ドラムセットは、さまざまな機材が組み合わさっていることから「組」で数えます。

パート1 数え方のふしぎ

25

身のまわりの物の数え方⑥
衣類、身につける物

服は厚さや上下どちらに着るかで数え方がちがってくる。まとめて数えたりすることもあるので、覚えておくと便利だよ。

「着」「枚」で数える洋服類

寒いときに着るダウンジャケットやコートのように、全身をおおったり上着として着る服は「着」と数えます。

一方、ティーシャツやブラウス、スカートなど全身をおおうものでない服や下着、ワンピースなどは「枚」と数えます。ズボンは細長いので「本」とも数えます。

上下セットになった洋服は、ひとまとめなので「組」と数えたり、上下セットで「着」と数えることもあります。

「枚」で数える和服

羽織や袴、ゆかたなどの和服類は「枚」と数えます。甚平のように上下でセットになっている和服は「着」と数えることもありますが、すべてがそろった衣装をまとめて数える場合にも「着」を用います。

和服類は、ほかにもえりを表す「領」を使って数えることもあります。これは昔、着物を数えるとき、えりを持って数えていたことに由来します。武士が合戦で身につけたよろいや西洋の甲冑も「領」で数えます。

26

くつは片方で1足って数えるんだよね。だから両足で2足だっけ？

……え～っと、両足で1足だよ。まちがえやすいから、覚えておこうね。

パート1 数え方のふしぎ

「足」で数えるはき物

くつしたは両足分で「足」「組」を使って数えます。片方のみを数えるときは「枚」と数えます。スニーカーやブーツなどのはき物は左右そろって「足」と数えますが、くつの片方のみは「個」と数えます。

手ぶくろを数えるときは左右2枚分で「双」や「対」となります。軍手のように左右が決まっておらず、どちらでも使えるものは「組」と数えることもあります。ただし、それの片方だけは「枚」と数えます。

なるほど！ 小物の数え方

麦わら帽子やシルクハットなどのたたみにくい帽子は「個」、たためるニット帽は「枚」で数えます。うで時計やメガネは「本」で数えます。ネクタイも同じです。

真珠のネックレスは連なっているので「連」と数えます。イヤリングやピアスは、左右セットなので合わせて「対」「点」などと数えます。

27

身のまわりの物の数え方⑦
見る物、読む物

本はふつう「冊」で数えるけど、マンガなどで続く場合は「巻」で数えるよね。同じ漢字でも、お経の書かれた巻物を数える場合は「巻き」なんだ。

「冊」で数える本

本や雑誌は「冊」と数えます。本がどれだけ発行されたかを表す発行部数やどれだけ売れたかを表す売上部数を数えるときは「100万部突破」のように「部」が使われます。新聞も「部」で数えます。

シリーズで続く本やマンガ本、百科事典で順番を示す番号がついている場合は「巻」を用い、「第～巻」と数えます。また、書店などで売られている本や雑誌を作品や商品としてあつかうときは「点」と数えることもあります。

「通」で数える手紙

手紙でやりとりをする回数は「通」で数えます。スマートフォンなどを使った電子メールも同じ。また、連絡手段としては「本」と数えることもあり、この場合は「手紙を1本送る」となります。

ハガキや便せんなどは「枚」「片」、封書は「封」と数えます。思い入れのあるハガキは「葉」と数えることもあります。

複数の手紙をまとめて、ひもなどでたばねたときは「束」と数えます。

手紙は「通」と数えることもあれば、「本」と数えることもある。どちらもよく使うよ。

巻物もかけ軸も、数え方は名前のとおりなんだね。

パート1 数え方のふしぎ

巻き

お経の書かれた巻物

軸

かけ軸

帙

和装本

帖

屏風絵

句

俳句

首

和歌（百人一首）

「巻き」で数える巻物

　お経の書かれた巻物は、その形から「巻き」で数えます。かけ軸は「軸」「本」と数えます。
　1枚の長い紙を折ってつくられた折り本や屏風絵は「帖」と数えます。ほかにも「帖」は一定数にまとまった紙を数えるときに使います。
　書道で使う半紙は20枚で1帖といいます。美濃紙などの和紙は48枚で1帖として売られています。
　書物をおおう帙に入れた和装本や文書は「帙」と数えます。

なるほど！ 短歌や俳句の数え方

　詩を数えるときは「編」「作」などが使われます。5－7－5－7－7の31文字でつくられている短歌は、一作品として見るときは「首」で数えます。
　ちなみに、百人一首の「首」は、この数え方で使う「首」の意味です。さらに、5－7－5の17文字でつくられている俳句は、「句」で数えます。

29

身のまわりの物の数え方⑧
人間や人間の形をした物

人の数え方には、いくつかの種類がある。その使い分けを覚えておこう。また、人の形をした像は、ふしぎな数え方をするよ。

人

名

団

席

方

「人」「名」で数える人

人数は「人」と数えます。ただし、「1人」「2人」「3人」「4人」となり、1と2のときは読み方が変わります。

目上の人やお客さんを数えたり、ていねいに数えるときは「名」を使うこともあります。

よりていねいに数えるときは、「お～方」を使って「お三方」などと数えることもあります。

自動車などで人が座るシートは「席」と数えます。大人数をひとまとめにしたグループは「団」や「群」と数えることがあります。

「柱」で数える神様

日本古来の神・神像などを数えるときは「柱」を用います。数えるときの読み方は、次のページの表のようになります。

仏像は「体」と数えますが、「体」は人間の姿に見えるちょう刻類を数える言葉です。ただし、仏像については古い数え方に「頭」「基」などもあります。地蔵は「尊」と数えます。

座っている仏像である座像を数えるときは「座」を用いることもあります。死者の霊などは「位」と数えます。

30

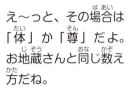

大仏は座っているから「座」なのね。じゃあ、外国にある横になっている仏像に数え方は？

え〜っと、その場合は「体」か「尊」だよ。お地蔵さんと同じ数え方だね。

大仏／七福神／「考える人」の像／西郷隆盛の像／地蔵／「兵馬俑」の像

数え方	読み方
1柱	ひとはしら
2柱	ふたはしら
3柱	みはしら
4柱	よはしら
5柱	いつはしら
6柱	むはしら
7柱	ななはしら
8柱	やはしら
9柱	きゅうはしら
10柱	じゅうはしら

なるほど！ ロボットの数え方

さまざまな形をしたロボットは、ほとんどの場合「台」で数えます。ただし、人型・犬型のロボットが登場してからは、その形に合わせて「体」や「匹」で数えることも増えています。

人型ロボットを「人」で数える日がくるかもしれません。

ロボット犬

パート1 数え方のふしぎ

31

数え方

世界はどうやって数えている？

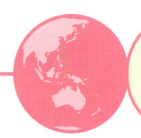

日本と同じ中国での数え方

これまで紹介したように、日本ではモノの種類や形によって、さまざまな数え方があります。では、世界ではどのような数え方があるのでしょうか。

世界でもっとも多くの人に使われている言語は中国語です。その中国語では、本を数えるときは「本（バン）」、人数を数えるときは「位（ウェイ）」を使います。日本の漢字とは少しちがいますが、モノによって数え方が決まっています。

日本と中国は漢字を使う国だけど、モノの数え方（助数詞）はちがうんだよ。

日本とはまったくちがう英語の数え方

では、世界で2番目に多くの人が使っている英語では、どのように数えるのでしょうか。

じつは、英語での数え方は非常にシンプルです。数えるモノによって変わることはありません。

たとえば、1冊の本を数えるときは、1を意味する「one」と本を意味する「book」を合わせる「one book（ワン ブック）」。2冊だと「two books（トゥ ブックス）」と「book」に「s」がついて複数形になります。

人数を数えるときは「one person（ワン パーソン）（人）」「two people（トゥ ピープル）」と数えます。「person」は1人だけ、「people」は2人以上の場合に使います。英語では、1人（1つ）だけのときと2人（2つ）以上のときではモノのよび方が変わることがあります。

32

単位のひみつ

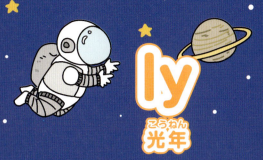

あふれている！

人間は「はかる」ことを本能的に求めている。だから、たくさんの単位が生まれたんだ。

身近にある単位を探そう！

身長は「センチメートル」、体重は「キログラム」、時間は「秒」や「分」などで表すよ。くらしのなかには、単位がたくさん見つかるよ。

はかるためには単位が必要

　食べ物や飲み物を何人かに配るとき、友だちと待ち合わせをするとき、身長や体重をくらべたりするときには、「基準」が必要です。この基準として生まれたのが「単位」です。

　私たちは知らず知らずのうちに単位を使っています。よく使われている長さのメートル、重さのキログラム、時間の秒や分のほかに、照明の明るさを表すカンデラ、電流の量を表すアンペア、大気圧を表すヘクトパスカルなどがあります。それぞれの単位については、パート3以降でくわしく説明します。

▲身長、体重、時間など単位は何かをはかるために必要なものだ。

▲農作物がどれだけとれたかを数えたり、重さをはかったりするために単位が使われるようになった。

　では、どうして私たちの社会には単位がこんなにもたくさんあるのでしょうか。

　人間が狩りで動物をつかまえたり、木の実を集めたりして食べ物を手に入れていた時代に、単位は生まれたとされています。大人数で生活するためには、つかまえた動物の大きさや量を正確に仲間に伝える必要がありました。

　また、農業がはじまると、収穫した作物を平等に分けるため、数を数えたり重さを正確にはかるようになりました。

　さらに、家を建てるときには長さや広さを正確にはかる必要があります。このように、人間は大昔からくらしのルールとして単位を使う必要があったのです。必要に迫られるたびに、私たちは新しい単位をつくりだしてきました。

食べ物の大きさや重さがはかれないと、みんなで分けることができないわね。

そのとおり、単位をつくることで生活が便利になっていったんだ。

はかるのは「知りたい」という願望から

　単位が世界にたくさんあるもうひとつの理由は、私たちに「正確にはかりたい、正確に知りたい」という願望があるからです。

　私たちは、2000年以上も前から、地球の大きさをはかろうとしていました。角度から長さを計算するという測量技術など、遠い場所までのはかり方を工夫して、より正確な地球の大きさを知ろうとしたのです。

　ほかにも、星の動きを知るために時間や長さの基準をつくり、観測しやすいように工夫したりしました。

▲人間は、はるか昔から地球の大きさをはかろうとしていた。

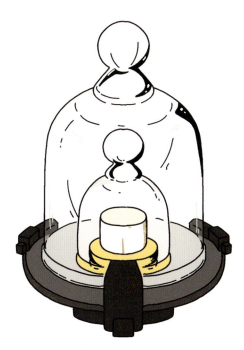
▲キログラムの基準として使われた「キログラム原器」。

　単位がこれだけ身近にあふれているのは、それだけ私たち人間が社会で生きるために単位が必要だと感じ、単位を求め続けてきたからです。

　最近でも、コンピューターが発明されたことで画像のきめ細かさのディーピーアイやデータの大きさのバイトなどの新しい単位が生まれました。これからも、必要になれば私たちは新しい単位をつくり続けるでしょう。

　また、単位は進化し続けています。たとえば、基本単位であるキログラムという単位は、何度も基準が見直されています。「キログラム原器」は、表面に物質が吸着するために質量が増加します。このキログラム原器の不安定性の克服と精度向上を目指して、新しいキログラムの定義の見直しが現在行われています。

パート2　単位のひみつ

37

単位の歴史① 紀元前2000年〜200年ごろ

王様の体の一部を基準に単位が生まれる

はるか昔、人間は身近なものを使って長さや重さ、時間の基準つくった。とくに長さは、王様の体の一部が基準となったんだ。

人類は300万年前には石器をつくり、200万年前には狩猟などによって食物をえていました。その後、食物を加工したり、火をおこすなど文化的な生活をするようになりました。地面を掘って床とし、その上方に屋根をかけた2万年以上の昔の竪穴住居から長さの単位が見つかっています。
　紀元前6000年ごろの古代メソポタミアで生まれたとされる長さの単位がキュービットです。紀元前2000年ごろのキュービットは古代メソポタミアの支配者グデアの腕の長さをもとに決められました。

　長さ以外の単位も次々と生まれました。当時、よく食べられていた大麦という農作物を基準に、重さの単位がつくられました。
　また、太陽の動きから、昼の時間と夜の時間を分割して考えることで、時間の単位がつくられました。

> 国や地域ごとに、長さの基準となる単位が生まれたよ。

グデア王はシュメールの王様の中で最も有名で、文化、芸術を推進した。

すごい人物
グデア王

グデア王はラガシュを支配した王です。ラガシュは古代メソポタミアの都市で、現代にメソポタミア最大級の都市遺跡を残しています。グデア王の像が多数残されており、その腕の長さからキュービットは496ミリメートルとわかっています。

パート2 単位のひみつ

古代メソポタミア以外でも長さの単位は生まれました。紀元前2750年ごろの古代エジプトでは、当時の王様のうでの長さと人民のうでの長さのふたつを基準としてピラミッドがつくられたとされています。

エジプト以外でも、ペルシャやローマ、アラブなどで支配者のうでの長さをもとに単位が生まれましたが、それぞれ少しずつ長さにちがいができました。

たとえば、古代エジプトでは小さなものの長さをはかるために、うでの長さではなく、人差し指または中指のはばを利用した長さの単位「ディジット」が生まれました。

また、大きなものの長さをはかるために歩幅2歩分をもとにした「パッスス」という単位が生まれました。体の一部から長さの基準がつくられていったのです。

単位って、こんなに昔からあるんだ！

39

単位の歴史② 1790年〜1875年ごろ

フランス革命がきっかけとなり、長さの単位の統一がはじまる

「メートル」の誕生からメートル条約の締結まで、各地でそれぞれつくられた単位の統一には100年近い時間がかかった。

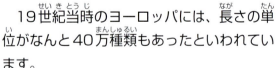

　19世紀当時のヨーロッパには、長さの単位がなんと40万種類もあったといわれています。

　同じ単位でも地域が変わると実質の長さが変わるのは当たり前の時代でした。そこで、長さの単位を統一しようという動きがフランスで起こります。

　「国民全員が平等の立場になるように」とはじまったフランス革命の流れを受け、これまで王様（領主）が決めていた単位についても、あらゆる国や人々が共通で使おうという運動が起こったのです。

　フランス政府は議会で話し合い、基準となる長さの単位「メートル」を決めました。話し合いの中心人物が、当時議員だったタレーラン＝ベルゴールです。

　この単位をつくるために、7年の年月をかけてフランスからスペインまでのけわしい山を越えて長さをはかるという大規模な測量が行われました。

　その結果から、パリを通過する北極から赤道までの子午線の長さの1000万分の1を1メートルとすることが決められました。

メートル誕生には、このような歴史があったなんて、びっくりだね。

メートルをつくったフランスはすごいなあ。

すごい人物
タレーラン

フランス国民議会議員。フランス革命初期の1790年に、フランス政府の議会で「長さの単位の統一」を呼びかけ、世界共通の長さの単位「メートル」をつくるきっかけとなった人物です。

しかし、長さの単位の統一はなかなか受け入れられませんでした。フランス国内でも、別の長さの単位があったため、多くの国民はメートルを使うことに反対しました。

そこで、フランス政府は40年もの長い時間をかけて法律をつくり、法をやぶった人には罰を与えることにします。

こうして、メートルはフランス国内で使われるようになりました。さらに30年後、1875年に「メートル条約」が17カ国の間で結ばれ、メートルはようやく世界共通の単位として認められたのです。

ヨーロッパやアメリカなどでは、長さの単位として「ヤード」が使われていました。地図や道路の標識はヤードを基準につくられており、これをメートルに変えるにはかなりのお金がかかるため、アメリカは断りました。

そこで、フランス政府はヤードから正確にメートルへ置き換える基準をつくります。こうすることで、世界で長さの基準が統一されました。

そして、世界各地にメートルは広まります。日本は1885年にメートル条約に加盟、1891年からメートルを使いはじめました。

41

単位の歴史③ 1889年〜現在

あらゆる世界共通の単位を定める国際度量衡総会

今もこれからも、単位の統一や基準の見直しは行われ続ける。2018年には「キログラム」の基準が見直されて、新しい定義が決まるよ。

　メートル条約は、あらゆる単位の世界基準をつくることを目的として生まれました。国際度量衡総会という会議を開くことを決め、1889年に第1回国際度量衡総会が行われました。

　この会議では、まず重さの統一単位として「キログラム」を使うことを決めました。この国際度量衡総会は4年（当初は6年）に1度パリで行われ、世界共通の単位が選ばれたり見直されたりしています。

　第3回の総会では体積の単位「リットル」が水1キログラムの重さと決められました。第9回の総会では、電気に関連する単位「アンペア」「ボルト」「ワット」などが決められました。

　第10回の総会では温度の単位として「ケルビン」が選ばれました。メートル、キログラム、秒、アンペア（電流の大きさ）、ケルビン度（温度）、そしてカンデラ（光度）を基本単位とする「国際単位系」がスタートしました。

メートルと秒は原子のしくみを用いて精度が大きい定義に変化してきたけれど、キログラムだけはキログラム原器のままなんだ。

キログラムの新しい定義、楽しみだわ。

すごい組織
国際度量衡局

日本はメートル条約に1885年（明治18年）に加盟しました。現在、メートル条約加盟国は56カ国です（2015年現在）。

国際度量衡総会では、つくった単位の基準のもっと正確な表し方についても話し合われます。「メートル」は、はじめは金属に目盛りをつけた「メートル原器」を基準として使っていましたが、温度の変化や力がかかることでわずかに曲がってしまうことがありました。

また、長さを見るときに目盛りの線にもわずかな幅があるので正確にはかりにくい、ということから形が変わらない「光」を活用した基準に変わりました。

メートル以外にも体積の単位「リットル」や温度の単位「ケルビン」なども、より正確な表し方となるよう総会で議論され、変更されました。

第1回総会で話し合って決められた「キログラム」も、現在は「キログラム原器」を使って表していますが、温度の変化や年月を重ねるにつれて重さが少しずつ変わるため、新しい定義が取り決められる予定です。

43

基本となる7つの単位

国際度量衡総会が認めた世界統一の単位には、「基本単位」とよばれるものがある。また、基本単位によってつくられる「組立単位」もあるよ。

種類ごとに整理された国際単位系

　1954年の第10回国際度量衡総会で、メートル、キログラム、秒、アンペア（電流の大きさ）、ケルビン度（温度）、そしてカンデラ（光度）の6つが基本単位として決められました。

　この6つに「物質量」を表す「モル」という単位が加わり、7つが基本単位とよばれることとなりました。また、この7つの基本単位やこの基本単位の組み合わせによってつくられる単位（組立単位）が国際単位系（SI）です。国際単位系では、基本単位はSI基本単位、SI基本単位だけでつくられる組立単位はSI組立単位とよばれます。

● 7つのSI基本単位

単位の種類	記号	よび方
長さ	m	メートル
質量（重さ）	kg	キログラム
時間	s	秒
電流	A	アンペア
温度	K	ケルビン（度）
光度	cd	カンデラ
物質量	mol	モル

▲よく使われることから選ばれた単位だ。

● 7つのSI単位とそのほかの単位と関係

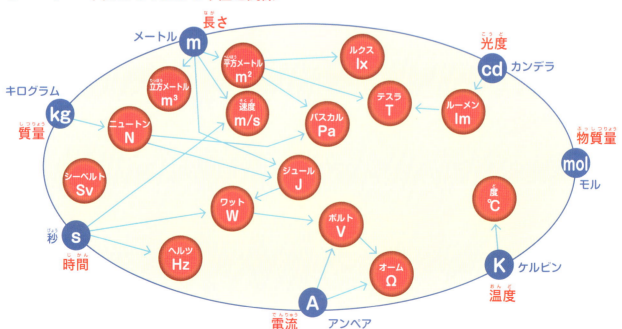

▲上の図の矢印は、どの基本単位からどの単位がつくられているかを表しているよ。

SI基本単位、むずかしいなあ。

多くの単位はSI基本単位をもとにつくられるということなんだ。

SI組立単位と単位表記のルール

7つのSI基本単位のほかにSI組立単位があります。たとえば、速さ・速度の単位「メートル毎秒（m/s）」は、ある「時間（s）」の間にどれだけの「長さ（m）」を進んだかで表すことができるので、SI組立単位となります。

このように、SI基本単位を組み合わせることでSI組立単位が数多くつくられます。

また、SI組立単位には、独自の名前がついているものがあります。たとえば、家電製品などに使われている電力を表す「ワット（W）」（184ページ）や電圧を表す「ボルト（V）」（180ページ）、天気予報で使われる圧力を表す「パスカル（Pa）」（220ページ）などもSI組立単位です。

単位を表す記号は、記号の由来が人名である場合はアルファベット大文字が用いられます。たとえば、SI組立単位のひとつである「ニュートン（N）」（216ページ）は、「万有引力の発見」で有名なイギリスの科学者ニュートンが由来です。

人の名前が由来で2文字の記号を単位としている場合は、1文字目が大文字で2文字目は小文字となります。たとえば、パスカル（Pa）はイギリスの科学者パスカルがそうです。

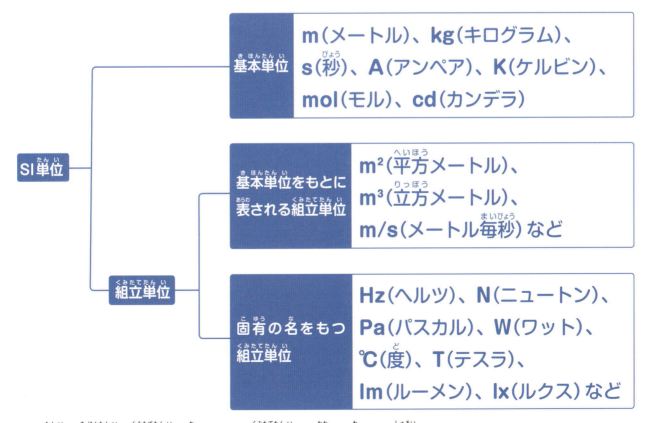

▲ SI単位は基本単位と組立単位に分けられる。組立単位には大きく分けて2種類あるんだ。

45

どうはかるか！長さ

同じ「長さ」をはかるとしても、私たちの世界にはさまざまな大きさのモノがある。それぞれ、私たちはどうはかっているのだろう。

瞬間で長さを計測「電子メジャー」

ノートやペンなど小さなものは「定規」で長さをはかります。身長は「身長計」で、ベッドやたななどの家具は「巻尺」ではかります。では、大きな部屋はどうやってはかるのでしょうか。じつは「電子メジャー」を使います。

電子メジャーはレーザー光などを用いて長さをはかります。はかりたい先に向かってレーザー光を当て、反射して戻るまでの時間を計測することで距離が算出されるしくみです。そのため、手が届きにくい天井などの高さや、ゴルフでボールが飛んだ距離もはかることができます。また、はかりたい先に向かってレーザー光を当てるだけなので、計測時間は短時間ですむ、便利な道具です。

▲電子メジャーはレーザー光もしくは超音波を出して戻ってくるまでの時間をもとに長さをはかる。

さらに遠い距離は2カ所からはかって求める

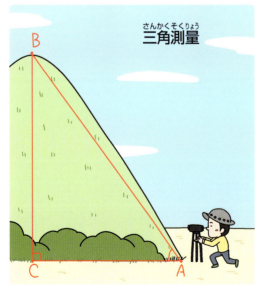

▲2点AとCからはかりたい地点Bまでの角度と、2点の距離ACから求めたい距離ABを求めることができる。

では、何キロメートルも離れた間の距離をどうやってはかるのでしょうか。あまりにも遠すぎて、電子メジャーも使えません。

このように、はかりたい場所まで足をふみ入れられない場合やあまりにも遠い場所どうしの距離をはかる場合、「三角測量」という方法が使われます。三角形の辺の長さと角度の関係から角度をはかることで辺の長さを算出する測量方法です。

三角測量は世界中で地図づくりのために用いられてきました。次に電波や光、レーザー光を用いた距離を直接測定する装置が使用されました。

現在はGPS測量が普及し、地球上どこでも測量が可能になったんだ。

GPSはカーナビゲーションにも使われているよね。

小さなモノをはかる場合は「マイクロメーター」

小さなたんぽぽのたねや紙の厚みのような、定規でははかれないモノには「マイクロメーター」が使われます。

マイクロメーターは右の絵のような形をしていて、はかりたいモノをはさみます。ねじの部分を少しずつ回しながらはさんではかることで、かなり正確に大きさがわかります。

実際に、かみの毛の太さや、花粉の大きさくらいまでは、このマイクロメーターではかることができます。

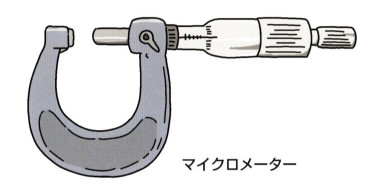

マイクロメーター

▲はさむようにして長さ（厚み）をはかる。細かい目盛りがついており、正確にはかることができる。

目では見えないくらい小さいモノは「レーザー顕微鏡」で

人間の目ではまったく見ることができないくらい小さなモノの大きさは、どうやってはかっているのでしょうか。そんな小さなモノをはかる機械が、「レーザー顕微鏡」です。

その名のとおりレーザー光を使って、小さなモノを測定します。この機械を使うことで、ウイルスや遺伝子のように私たちが目で直接見ることができないモノの大きさを調べることができるのです。

このレーザー顕微鏡は、一般家庭や学校では手に入りづらい高価な機械です。おもに、医療機関や小さい部品を研究する大学や研究所などで大切に使われています。

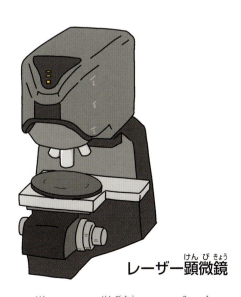

レーザー顕微鏡

▲さまざまな形のレーザー顕微鏡がある。目に見えない大きさまではかることができる。

パート2 単位のひみつ

どうはかるか！重さ

軽いモノから重いモノまで、私たちのくらす世界にはさまざまな重さのモノがある。それぞれ、どのようにはかっているのだろう。

重さをはかる機械「電子はかり」

私たちの体重は「体重計」ではかります。野菜や果物、肉類などの重さは「上皿はかり」ではかります。上皿はかりの皿にのせにくい、たとえば、大きなカバンやスーツケースなどは、吊りはかりではかります。これらは、昔はバネを利用して重さをはかっていましたが、今は機械のはかりが主流となっています。

実験などでわずかな量の薬品の重さをはかるときは「電子はかり」を使います。風やわずかなほこりで重さが変わってしまうこともあるので、透明なケースの中にはかるための皿が置かれている電子はかりもあります。

電子はかり

▲電子はかりは、ほこり1粒よりも軽い重さまではかることができるので、ほこりがつかないよう慎重にはかる必要がある。

地球の重さをはかる方法

人間よりも大きいモノや重いモノの重さは、どうはかるのでしょうか。富士山のように大きな山の重さのはかり方は、富士山にふくまれる物質の密度（ある量においてのその物質の重さ）と富士山の体積から計算することによってわかります。

地球の重さは半径、重力加速度、万有引力定数から次のように計算することができます。

●地球の重さ
＝重力加速度×地球の半径の2乗÷万有引力定数

◀ある物質の一部を調べることで、その物質の全体の重さを計算することができる。

どうはかるか！温度

熱いモノや冷たいモノだけでなく、遠くにあるモノの温度はどのようにはかっているのだろう。

熱いモノは「放射温度計」ではかる

　私たちは体温をはかるときに「体温計」を用います。部屋の中や外の気温をはかるときには「温度計」を用います。コンロの火のように高い温度のモノは、「放射温度計」とよばれる機械を用います。この放射温度計は、モノから出ている赤外線や目に見える光（可視光線）の強さを測定し、物体の温度をはかります。

　逆に非常に温度が低いモノ、たとえば、食品の瞬間冷凍に使われる液体窒素などの温度をはかるときには「半導体温度計」という機械を用います。

　これは、熱電対とよばれる電気を利用した測定方法です。材料のちがう金属線を2本使うと温度差によって電気が生まれるため、その電気の量から温度を算出します。

放射温度計

▲放射温度計は、モノから出ている赤外線を測定することで、温度をはかることができる。

直接はかれない遠くにあるモノは計算によって求める

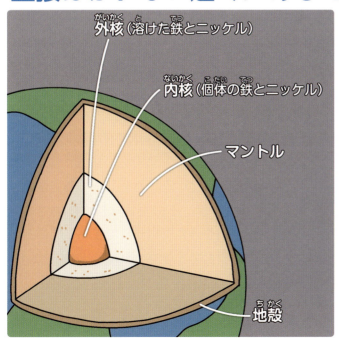

外核（溶けた鉄とニッケル）
内核（個体の鉄とニッケル）
マントル
地殻

　地球の内部の温度を直接はかることはできません。地面の下30キロメートルにあるマントルは、地面の下にいくほど高温になる温度の変化から地球内部の温度は算出されます。

　さらに遠い太陽など星の温度は、その星の色からおおよその温度を予想することができます。

　また、より正確な温度は、「スペクトル」とよばれる光の波の種類を分析することで得られます。

◀地球の内部の温度は計算によってわかる。

地球や宇宙の大きな単位

メートルやキログラムで表される、「世界で一番」を紹介するよ。世界にはとても高い建物があり、とても大きな生物がいるんだ。

ブルジュ・ハリファ
世界一高い
828メートル

上海タワー
2番目に高い
632メートル

世界一大きなは虫類 イリエワニ 7メートル／1トン
世界一大きな両生類 チュウゴクオオサンショウウオ 1.8メートル／26キログラム
世界一背が高い陸上の生物 キリン 6メートル
世界一大きな鳥類 ダチョウ 2.8メートル／156キログラム

世界一大きな動物 シロナガスクジラ 30メートル／18万キログラム
世界一重い陸上の生物 アフリカゾウ 8000キログラム

©Yhz1221 2014

世界一高いブルジュ・ハリファ

アラブ首長国連邦のドバイにあるブルジュ・ハリファは、高さ828メートルで世界一の建物です。小学生の平均身長が約1.3メートルなので、約637人分の高さに相当します。世界で2番目に高いビルは、中国にある上海タワーの632メートル。ちなみに、日本一高い「塔」は東京スカイツリーで、634メートルです。

海で世界一重いシロナガスクジラ

海の中で生きている、クジラの一種であるシロナガスクジラ。その重さは、大きいもので約18万キログラムで世界一です。平均体重約30キログラムの小学生、6000人分に相当します。

また、体長は30メートルほどの大きさになります。

50

●大きな数を示す単位

1	一 (いち)
10	十 (じゅう)
100	百 (ひゃく)
1000	千 (せん)
10000	万 (まん)
100000000	億 (おく)
1000000000000	兆 (ちょう)
10000000000000000	京 (けい)
10000000000000000000	垓 (がい)
10000000000000000000000	秭 (し)
1000000000000000000000000000	穣 (じょう)
10000000000000000000000000000000	溝 (こう)
10000000000000000000000000000000000	澗 (かん)
100000000000000000000000000000000000000	正 (せい)
1000000000000000000000000000000000000000000	載 (さい)
10000000000000000000000000000000000000000000000	極 (ごく)
100000000000000000000000000000000000000000000000000	恒河沙 (ごうがしゃ)
10000000000000000000000000000000000000000000000000000000	阿僧祇 (あそうぎ)
1000000000000000000000000000000000000000000000000000000000000	那由他 (なゆた)
10000000000000000000000000000000000000000000000000000000000000000	不可思議 (ふかしぎ)
100000000000000000000000000000000000000000000000000000000000000000000	無量大数 (むりょうたいすう)

無量大数とは、「あまりに大きすぎるために、この世のものとは思えない」という意味だよ。

パート 2 単位のひみつ

陸で世界一重いアフリカゾウ

アフリカにすむアフリカゾウの重さは、オスで5000キログラムから8000キログラム、メスでも2500キログラムから3500キログラムで世界一です。

オスの体重を6000キログラムとすると、その体重は小学生の平均体重約30キログラムの200人分に相当します。

大きな数の数え方

上の表にあるとおり、日本語では、1万倍ごとに単位が万、億、兆、……と変化します。数字の右から4ケタごとに、これらの単位がつくことになります。

1不可思議は1の後ろに0が64個、1無量大数には0が68個もつきます。

51

宇宙はとてつもなく大きい！

メートルやキログラムなどで表される「宇宙で一番」を紹介するよ！
宇宙は、地球で生活する私たちが想像もできないところだ。

● 星の大きさをくらべる！

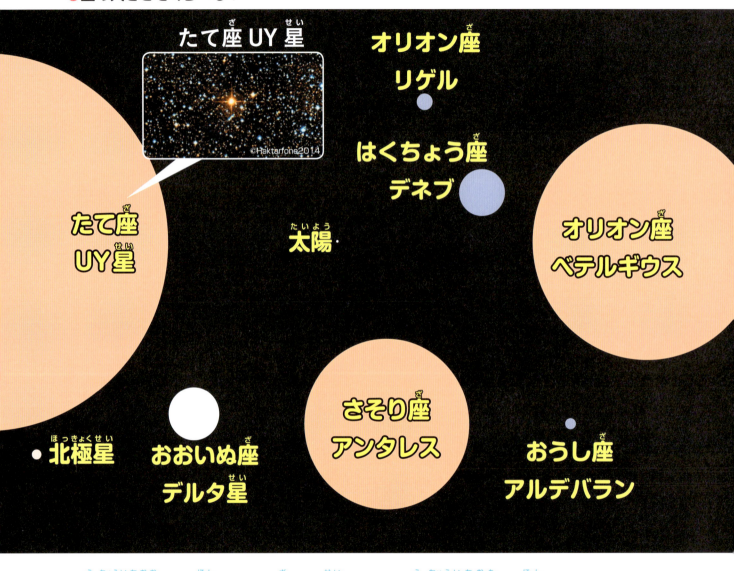

宇宙一大きい星はたて座UY星

現在、人間が観測できている星の中では、たて座UY星が直径が約24億キロメートルでもっとも大きいといわれています。地球よりも109倍大きい太陽の、そのまた約1700倍という、とてつもない大きさです。

ほかにも、オリオン座のベテルギウスやさそり座のアンタレスなどの大きな星が存在します。

宇宙一重い星はR136a1

現在、人間が観測できている星の中で、かじき座の近くにある星R136a1がもっとも重いといわれています。地球よりも約33万倍重い太陽の、そのまた約265倍という、とてつもない重さです。

また、太陽の重さはキログラムで表すと、2のあとに0が30個つくほどの重さです。

技術が進んでいるから、さらに新しい星や銀河が発見されるかもしれないね。

宇宙全体から見れば、太陽も小さいのね。

● ブラックホールのイメージ写真

パート 2 単位のひみつ

宇宙一重い星「R136a1」

宇宙一明るい銀河「WISE J224607.57-052635.0」

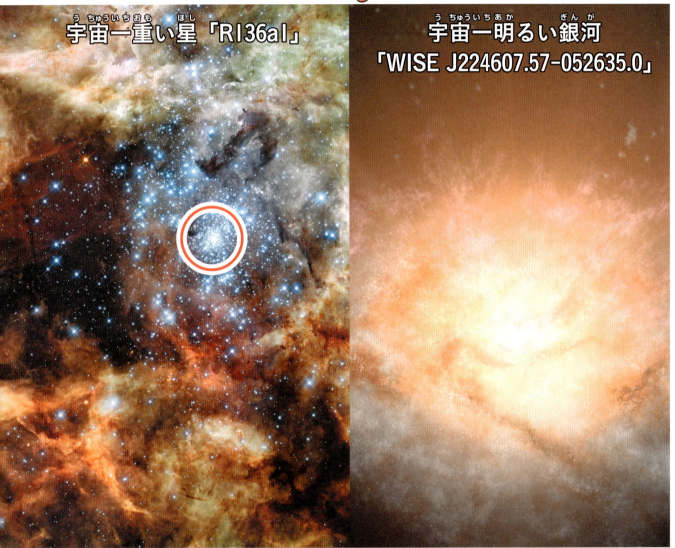

宇宙一明るい銀河 WISE J224607.57-052635.0

現在、人間が観測できている星の中では、銀河 WISE にある銀河が宇宙一明るいといわれています。その明るさは太陽の300兆倍です。

この明るさのもととなっているのが、ブラックホールであるといわれています。たくさんのガスを吸収することでまわりが高温になり、明るくなるのです。

宇宙一速い光

どんな物質も光の速さを超えて運動することはできません。光の速さは2.99792458×10⁸メートル毎秒、つまり1秒間に約30万キロメートル進みます。これは、1秒で地球を7周半できる速さです。月までたった1.3秒でたどりつきます。新幹線のスピードで月まで行っても、約53日かかります。

もしも？の話
単位のない世界

ありえない世界に！

もしも、単位が存在しなければ、この世界はどうなってしまうのでしょうか。もちろん、そんなことはありえません。モノを数える、はかるために当たり前のように使っている単位のない世界を想像してみましょう。

単位がない世界は、何もできない世界だね！

待ち合わせができない！

友だちと待ち合わせをするとき、日時や距離、そして移動する速さなどの単位を使います。もし、これらの単位がないとすると……。待ち合わせの場所に行こうにも、今いる場所からどれだけ離れているか、どれだけの速さで移動すればいいかなどがわかりません。

そもそも、待ち合わせする日時を決められませんね。連絡するためのメールや電話も、単位がなければできません。

建物がつくれない！ 買い物ができない！

単位がなければ、建物をつくることができません。長さや高さ、面積がはかれないので設計図がつくれません。材料の重さも長さも、部屋の明るさも、何ひとつ決められないのです。

また、材料を買うときにも単位が必要。でも、重さや長さの単位、つまり売り買いの基準がなければ、商売すらできないということになります。

「単位がない世界」なんて、ありえないんだよ。

パート3

長さの単位

長さのはじまり

長さを表す単位のはじまりとなったのは「キュービット」だ。なんと、紀元前6000年ごろに古代メソポタミアで生まれた単位だよ。

古代メソポタミアの壁画だよ。

 紀元前6000年ごろ、古代メソポタミアで生まれた！

　人間は大昔から単位を使っていました。狩りでつかまえた獲物の大きさや、農作物をつくる田畑の広さをはかる必要があったからです。とくに長さをはかる単位は文明が生まれたころから、欠かせないものでした。

　最初にできた長さの単位は身近なものが使われていました。現在発見されている世界でもっとも古い長さの単位は「キュービット」で、「ひじを曲げ、ひじの角から広げた手のひらの中指の先までの長さ」からつくられました。王様のひじから指先までの長さを基準にしていたため、王様が替わると長さも変わり、国によって長さがちがいました。

●曲げたひじから中指の先

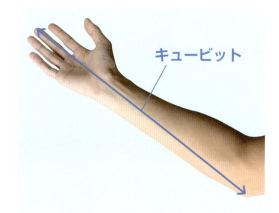

▲腕の長さは王様によってちがう。

キュービット

パート3 長さ

古代メソポタミアはこんなところだった！

古代メソポタミアの人々の生活

▲人間はウシやヒツジなどを飼い、穀物をつくっていたそうだ。

古代メソポタミアはココ！

▲現在のイラクやシリアなどがある地域だ。

どんな単位？

大昔に使っていた単位のことが、どうしてわかったの？

ふしぎだよね。じつはキリスト教の聖書である「旧約聖書」に、キュービットが出てくるんだ。

それで、キュービットはどれくらいの長さだったの？

王様のひじから中指の先だから、だいたい50センチメートルくらいかな。

ひじを曲げて、長さをはかっていたんだね！

人の体のなるほど単位

大昔の人は手や指でも長さを測った！

キュービットの長さのおおよそ半分の長さの「スパン」という単位は、手のひらを広げたときの親指の先から小指の先までの長さです。

同じ手でも、広げた状態ではなくにぎった状態の左右のはばから生まれた単位もあります。これは「パルム」という名前がつけられました。このパルムは、スパンのおよそ3分の1の長さです。

さらに、指1本分のはばの長さから「ディジット」という単位がつくられました。これはパルムの約4分の1の長さです。

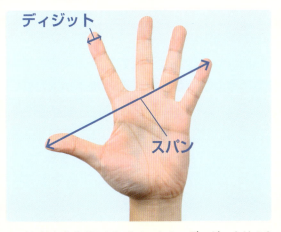

スパンはおよそ22センチメートル、ディジットは1.9センチメートルくらいといわれているよ。

57

メートル　m

長さの単位「メートル」は、身のまわりのあらゆるところで使われている。モノの大きさや、山や建物の高さをはかるときの単位だね。

陸上競技の100メートル走だね。

どうやってできた？ フランスの政治家が世界共通の単位づくりをよびかけた！

　メートルができたのは1793年。フランスの政治家タレーランが「世界共通の長さの単位をつくろう」を提案したことがきっかけです。
　フランスの議会で話し合われ、「地球の子午線に沿った北極から赤道までの距離の1000万分の1」が1メートルと決められました。
　しかし、北極から赤道までの距離を実際にはかるのは当時の技術では不可能だったため、10分の1の距離にあたる、フランスのダンケルクからスペインのバルセロナまでの約1000キロメートルを測量することになりました。
　10分の1の距離とはいえ、山が多くてはかるのは大変で、1792年に測量を開始してから6年もかかり、ようやく1メートルの長さが決まったのです。

● タレーラン

◀ 名門貴族の家に生まれ、外務大臣や首相として長く政治にたずさわった。

プール　　　身体測定

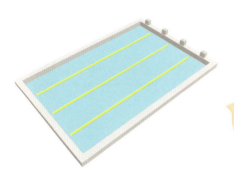

山の高さ

▲山の高さには海面からの高さを表す「標高」が使われる。富士山の標高は3776メートルだ。

どんな単位？

「50メートル走」や「25メートルプール」もあるね！

動物の体高を表すときもメートルを使うよ。キリンは体高5〜6メートル、ゾウは体高3メートルもあるよ。人間の身長より高いよね！

建物の高さも、メートルだよ。東京スカイツリーは、たしか634メートルだっけ？

そうだね。ほかにも山の高さをメートルで表すよ。日本で一番高い山、富士山は……？

3776メートルだ！！

メートルのびっくりする話

光の速さで「1メートル」を決める!?

フランスからスペインで行われた測量結果をもとに、1メートルの長さの基準となる金属製の「メートル原器」がつくられ、世界各地に保管されました。しかし、温度の変化や力がかかることでわずかに曲がってしまうなどの欠点がありました。

そこで1960年、つねに一定である自然現象を利用し、クリプトン86という原子が放出する光の波長を基準に1メートルが決められることになりました。

ただし、クリプトンどうしが衝突するときにわずかな誤差が生まれるため、1983年に光の速さを利用して「2億9979万2458分の1秒間に光が真空中を進む距離」を1メートルとすることが決まりました。

メートル原器は、現在は使われていない。

メートルとその仲間

メートルの前に「ミリ」「センチ」「キロ」という言葉（接頭辞）がつくと、より大きなモノ、小さなモノの長さをはかるときに便利になるよ。

ミリメートル（mm）

1メートルの1000分の1が、1ミリメートル（1mm）です。

ちょうど1ミリメートルのモノを探してみましょう。砂粒1粒がおよそ1ミリメートルです。イヤホンの接続部分のはばは3.5ミリメートル、1円玉の厚みは1.5ミリメートルです。

小さいモノ以外にも、大きなモノだけれど絶対にずれてはいけないことから正確な長さが必要とされるダムや橋などの設計図などには、ミリメートルが用いられることがあります。

センチメートル（cm）

1メートルの100分の1が、1センチメートル（1cm）です。

1円玉の直径は2センチメートルです。100円玉を6枚重ねた高さが1センチメートルとなります。

人差し指のつめのはばもおよそ1センチメートルで、人差し指の先から第1関節までの長さはおよそ2センチメートルです。くつやズボン、子ども服などのサイズにはセンチメートルが使われます。

「1センチメートルは1ミリメートルのちょうど10倍、1センチメートルの100倍が1メートルなんだね。」

● メートル

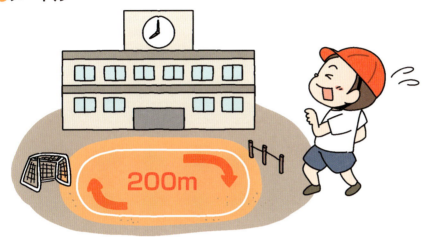

● キロメートル

「「ミリ」や「センチ」などを接頭辞というんだ。」

キロメートル（km）

1メートルの1000倍が、1キロメートル（1km）です。

子どもが約20分歩いた距離が1キロメートルです。また、小学生向けの陸上トラックは1周が200メートルなので、5周分が1キロメートルとなります。

道路の標識に示される目的地までの距離は、ほとんどの場合、キロメートル単位で書かれています。ちなみに大阪から東京までは、直線距離で約400キロメートルです。

そのほかのメートル

1ミリメートルの1000分の1が1マイクロメートル（1μm）です。この長さは、直接目で見てもわかりません。1マイクロメートルの1000分の1が1ナノメートル（1nm）、さらに1000分の1は1ピコメートル（1pm）です。反対に、1キロメートルの1000倍は1メガメートル（1Mm）、その1000倍が1ギガメートル（1Gm）です。

地球の直径は約12.8メガメートル、太陽の直径は約1390ギガメートルです。

メートルのあれこれ

言葉の成り立ちや、目に見える長さの限界は？　漢字で書くとどうなる？
メートルにまつわる話をまとめて紹介するよ！

1メートルに近いものは？

身近にあるもので1メートルに近い長さを探してみましょう。たとえば、楽器のギターの長さはおおよそ1メートルです。

スポーツで使う道具で、1メートルに近いものは、プロ野球選手が使っているバット。規則で1.06メートル以下でないと使えないことになっています。

また、日本人の4歳児の平均身長は、およそ1メートル。新聞紙を開げたときの対角線の長さも、およそ1メートル。身近にあるものの中には、約1メートルのものがたくさんあります。

野球のバット　約1メートル
フォークギター　約1メートル

▲種類によって少しずつ長さが変わるけど、野球のバットもギターも長さは約1メートルだ。

メートルの語源と表記

μέτρον　メトロン
mètre　メトレ
meter　メートル

▲メートルは「はかること」を意味する言葉から生まれた。

メートルという名称は、「はかること」や「ものさし」を意味する古代ギリシャ語の「メトロン」（μέτρον）から生まれました。

58ページにもあるように、フランスでできた言葉なので、メートルはフランス語です。フランス語で「mètre」で、英語でも「metre」と書きます（アメリカだけは例外的に「meter」と書きます）。

日本では、カタカナで「メートル」もしくは「m」と表記しますが、明治時代に中央気象台（のちの気象庁）がメートルに「米突」と当て字をしたことから、「米」1字だけでメートルを表すこともあります。

●漢字で表すメートルの仲間

粍　ミリメートル
糎　センチメートル
粁　キロメートル

目に見える長さの限界は何ミリメートル？

人間が肉眼で見える限界は、およそ0.1ミリメートル程度とされています。これは、ちょうど細い髪の毛の太さくらいです。

また、0.1ミリメートルといえば、微生物のミカヅキモがちょうどそのくらいの大きさです。ただし、そこにいることはわかりますが、どういう形をしているかはわかりません。虫めがねを利用したり、顕微鏡を使ったりすることで、形を確認することができます。

現在の技術を使って見ることができる、もっとも小さな長さの単位は約10ピコメートル。なんと、1ミリメートルの1億分の1です。

約0.1ミリメートル

ミカヅキモ

0.1ミリメートル

▲髪の毛は目に見える限界の太さだ。

髪の毛ってこうなっているんだ！

すごく小さなものまで見える顕微鏡があるんだよ。

もっと知りたい！ 紙を何回折ると月まで届く？

0.1ミリメートルの厚さの紙を1回折ると、厚みが倍の0.2ミリメートルになります。さらに1回折ると、倍の0.4ミリメートルになります。このようにして折り続けると、その厚みが月までの距離である約38万キロメートルに、いつかたどり着くはずです。では、月まで届かせるには何回折ればよいでしょう？

じつは、42回折ると43万キロメートルになるのです。でも、実際にやってみると……。何回まで折ることができるでしょうか。ぜひ試してみましょう。

大きな紙でも5、6回折ると小さくなり、折れなくなってしまうよ。

フィート、インチ ft in

長さの単位「フィート」「インチ」は、日本ではあまり見かけない。アメリカなどで使われている長さの単位のひとつだよ。

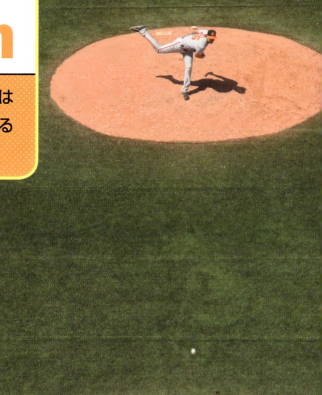

野球のグラウンドにはフィートがたくさんあるよ。

どうやってできた？ 足の長さ、手の指の幅から生まれた古代から使われている単位

フィートは「人間の足」から生まれた単位です。フートともいいます。このフィート（フート）は、もともと「足」を意味する言葉です。

古代エジプトでは、土地の広さをはかるとき、足を使っていました。足の大きさ何個分かで長さや距離をはかっていたのです。

古代エジプトで使われていたこのフィートを、ローマ帝国では少し大きい長さの基準に変更しました。このローマ帝国で定められた長さをもとにして、1959年に「1フィート＝0.3048メートル」として「国際フィート」が決められました。

●古代エジプト人

◀今は約30センチメートルが1フィートだけど、もともとの1フィートとは、人の足の大きさだった。

ft フィート

こんなところで使われている!

バスケットボール　自転車のタイヤ

サッカーゴール

24フィート
8フィート

どんな単位?

フィートって聞いたことないや。

じつは、サッカーゴールの大きさにはフィートが使われているよ。たては8フィート、横は24フィートなんだ。

でも、インチは自転車のタイヤで使われているよね。

そうだね。何インチのタイヤの自転車に乗っているの?

たしか26インチ。思ったより短いなあ。

タイヤのサイズは、タイヤの直径ではかるんだよ。

フィートとインチの なるほど話

「1フィート」の12分の1が「1インチ」

インチはフィートから生まれました。ローマ帝国では1フィートを12等分した長さ（手の親指の幅くらい）を単位にしており、これが「インチ」の起源とされています。

ほかに、サクソン人の王様が大麦3粒をたてにならべた長さを1インチとしたという説もあります。

インチもフィートと同じく、1959年に「国際インチ」が決められて「1インチ＝25.4ミリメートル」となりました。今でも1フィートの12分の1が1インチとなっています。

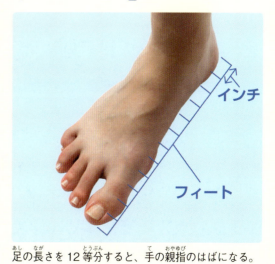

足の長さを12等分すると、手の親指のはばになる。

パート3　長さ

フィート、インチのあれこれ

身近にある、フィートやインチが使われているモノを探してみよう。また、インチのよび方についても、くわしく説明するよ。

野球のグラウンドで使われているフィートとインチ

野球は、フィートやインチと関わりの深いスポーツです。1～3塁ベースはたて、横ともに15インチ、ホームベースもたて、横ともに17インチです。

ピッチャーの投げるマウンド上のプレートからホームベースまでの距離は60フィート6インチ（18.44メートル）です。ほかにも各塁までの距離が90フィート、ピッチャーのマウンドの直径が18フィートと、さまざまな長さがフィートやインチで決められています。

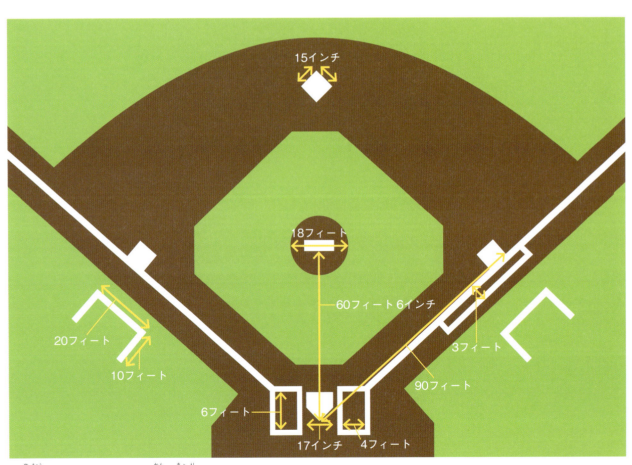

▲野球のルールでは、ベース間の距離やバッターボックスなどの大きさがフィートやインチをもとに決められているよ。

◀硬式野球のボールの直径は9インチ～9.25インチと決められている。

本当だ！ グラウンドにはフィートやインチがたくさんあるね。

フィートとインチの関係

1フィート

1インチが12個分

6'2"
（6フィート2インチ）

アメリカなどでは身長をフィートとインチで表します。

65ページで紹介したとおり、1インチの12倍が1フィートです。1センチメートルと1ミリメートルのようになぜ、10倍の関係ではないのでしょうか。

じつは、12という数字には便利な性質があるのです。それは、12は1、2、3、4、6、12と多くの数で割り切れること。1フィートの3分の1は4インチ、つまり、1フィートの4分の1は3インチと、簡単に長さを求めることができるのです。

インチのよび方

インチ（inch）の語源はラテン語の「12分の1」を表す「ウンキア」（uncia）だといわれています。ここから古期英語でユンチェとよばれるようになり、インチへと変化していきました。

インチの長さが手の親指のはばとほぼ同じであることから、フランスやイタリア、スペインなどでは、親指という言葉や親指という言葉に似た名前でよばれています。

インチは東アジアで用いられている寸（74ページ）と長さがほぼ同じなので、中国ではインチのことを「英寸」とよんでいます。

▲インチは12分の1と、現在のインチとフィートの関係を表す言葉が語源となっているんだ。

もっと知りたい！ テレビのインチは対角線の長さ

テレビの画面の大きさを表す単位として、インチが使われています。テレビ画面の大きさは、画面のななめ（対角線）の長さで表されます。

昔のテレビ画面には、ブラウン管が使われていました。このブラウン管自体が丸かったため、画面の大きさは面積ではなく直径を使って示していたのです。

ブラウン管のころのテレビ画面の大きさの表し方は、液晶画面になった今も残り、テレビの画面を表す単位となっています。

ヤード　yd

長さの単位「ヤード」は、アメリカを中心に使われている。日本では、ゴルフ場で見かけることがある長さの単位だよ。

130YARD（ヤード）が、このゴルフコースの長さだね。

 **王様の体の一部をもとにしてつくられた**

ヤードの起源には、さまざまな説があります。代表的な説は、キュービット（56ページ）をふたつならべたダブルキュービットを1ヤードとしたというもの。もうひとつは、1歩の間隔であるフィート（フート）からつくられたという説です。3フィートが1ヤードにあたり、フィートのあとにヤードが成立したともいわれます。

また、12世紀初頭のイングランド王・ヘンリー1世が、うでを前につき出したときの「鼻先から親指までの長さ」を1ヤードと決めたという説もあります。いずれにしても、体の一部分が基準になって生まれた単位が「ヤード」なのです。

●ヘンリー1世

▲自分の体をもとにして決めた「ヤード」を使うように命令したとされる。

yd こんなところで使われている！

アメリカンフットボール　ゴルフ

●アメリカンフットボールのコート

▲5ヤードごとに長い白線が、1ヤードごとに短い白線が引かれている。

どんな単位？

ゴルフ以外のスポーツでは使われていないの？

アメリカンフットボールでも使われているよ。じつは、ゴルフでヤードを使っているのはアメリカ、イギリス、そして日本ぐらい。それ以外の国ではメートルが使われているんだ。

どうして、日本のゴルフではメートルを使わないの？

日本でもメートルが使われたことはあったけれど、ゴルフをする人がわかりにくいと反発したせいで、今もヤードが使われているんだ。

ヤードのびっくりする話

「1ヤード」の長さは国によってちがっていた！

昔は、1ヤードの長さは地域・時代・用途によってバラバラでした。ヤードのはじまりに複数の説があるのは、長さのちがう「ヤード」があったからともいわれています。

そんな不便な状態が続くなか、1824年にイギリスで度量衡法が定められ、1ヤードの長さは1メートルより少し短い、約0.9143984メートルに統一されました。その後、1959年にアメリカ、カナダ、ニュージーランド、南アフリカ、オーストラリアの6カ国が話し合って1ヤード0.9144メートルという「国際ヤード」が決まりました。

1ヤード＝ 0.9144 メートル
（国際ヤード）

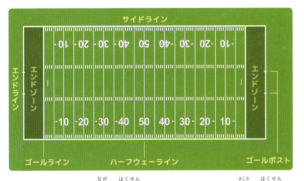

ヤードのほうが少し短い

マイル　mi

「マイル」は長さを表す、日本人にはあまり知られていない単位。ヤード・ポンド法で定められた単位のひとつだよ。

これはマイルストーンという道路の近くに置かれる目印だよ。

2歩分の長さをもとにつくられた約1600メートルの単位

マイルは、古代ギリシャ・ローマ時代に使われていた、パッススという人間の2歩分の長さをもとにした単位が起源といわれています。1パッススは約147.9センチメートルとされており、その1000倍（ミリア・パッスス）が、今のマイルにつながったと考えられています。
　その後16世紀末には、女王エリザベス1世が1マイルを5280フィート（＝1760ヤード）としましたが、このころはヤードの長さが場所によってバラバラでした。1959年に国際ヤードの長さが決められ、1マイルは1760国際ヤード（＝1609.344メートル）と定められました。

● ヤード・ポンド法

▲メートルを基準につくられた単位の系統を「メートル法」という。これに対して、ヤードやポンドを基準とする単位の系統を「ヤード・ポンド法」というよ。国ごとにバラバラだったヤードやポンドは、1959年に統一された。ただし、マイルなどいくつかの単位はバラバラのままなんだ。

70

陸上競技　競馬

●マイルリレー

400メートル×4周

▲陸上競技のマイルリレーは、1周400メートルのトラックを4人がリレーで走る競技だ。合計で1600メートル走ることから、こうよばれているよ。

どんな単位?

マイルって、どんなところで使われているの?

競馬で1600メートルの距離を走るレースがある。これをマイルレースとよんでいるよ。

1マイルって、1600メートルなの?

1マイルは1600メートルより少し長いんだけど、日本ではキリよく1600メートルにしているんだ。

たしかに、1609メートルだとキリが悪い気がするね。

マイルのびっくりする話

「1マイル」の長さは、今もバラバラ

マイルにはいくつかの種類があります。単にマイルといった場合は「国際マイル」(1マイル＝1609.344メートル)ですが、アメリカでは「測量マイル」が使われています。

測量マイルは6336/3937メートル＝約1609.347218694メートルと3ミリメートルほど国際マイルより長くなっています。

また、イギリスでは「法定マイル」が今も使われています。イギリスでのヤードの長さがちがうため、法定マイルの長さも、ほかのマイルと長さがちがっています。

国際マイル

1609.344メートル

測量マイル アメリカ

約1609.347メートル

法定マイル 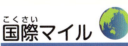 イギリス

1760ヤード

少しずつ長さがちがっているよ。

パート3　長さ

海里 nm

海のマイルとよばれる「海里」は、70ページで紹介したマイルとは長さがちがう。船の運航や領土を示すときに使われる単位だよ。

● 領海と排他的経済水域

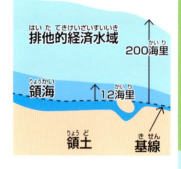

海の近くの陸地などに定められた基線から12海里までを「領海」、200海里までを「排他的経済水域」というよ。

どうやってできた？ 地球の緯度を基準として生まれた、航海や航空で使う単位

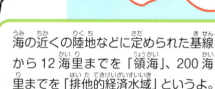

もともと1海里は、「地球を球としたときの1周分を2万1600等分した海面上の距離」とされていました。

しかし、地球は完全な球体ではなく南極と北極を結ぶ1周より赤道の1周のほうが少し長いため、はかる場所ごとに1海里の長さは変わってしまいます。そのため、国ごとに1海里の長さがちがうという問題がありました。

そこで1929年、国際臨時水路会議で1海里（国際海里）が1852メートルと定められました。現在、この海里は海の上の領土などを表す場合や、世界中の船舶や航空機の運航で使われています。

● 地球は少し横長の球体

▲北極から南極までの1周よりも、赤道を通る1周のほうが長かったんだ。

nm
海里

どんな単位？

漁業

航空機の運航

海里ってことは、海に関係するところで使われている単位かな？

そうだね。船の航海距離を表すときには、この海里が使われているよ。

船舶の運航

海以外では使わないの？

空を飛ぶ航空機にも使われているんだ。

領海……領土と同じで、その国のものとして認められた海。

排他的経済水域……その国が魚をとったり、海底にある資源を掘り出したり管理することが認められている海。

ん？ 飛行機の何の長さ？

飛んだ距離のことだよ。

海里のびっくりする話

「海里」の記号は決まっていない!?

海里の記号には、国際的に認められているものがありません。よく使われている記号は nm、NM、Nm、nmi（ノーチカルマイル）や M（マイル）などです。

航空関連に使われているのは nm が多いですが、nm だと 61 ページで紹介した「ナノメートル」も同じ nm になってしまいます。そのため、記号が使われている状況から、どちらを表す記号かを考える必要があります。ちなみにこの 1 海里と 1 ナノメートルをくらべると、1 兆倍以上も長さの差があります。

どの記号を使うかがハッキリ決まっていない単位があるんだ。

パート3 長さ

73

尺、寸

「尺」や「寸」は、日本で古くから使われている単位だよ。大昔の中国で、体の一部をもとにしてつくられたんだ。

大きな打ち上げ花火には、尺玉が使われているよ。

どうやってできた？ 約3000年前に中国大陸の王朝でつくられて日本にきた

今から約3000年前の中国大陸にあった王朝が「尺」という単位を定めました。この当時の「尺」は親指と中指を広げたときの長さとされ、およそ18センチメートルでした。また、「尺」の10分の1の長さが「寸」と定められました。

しかし、中国を治める王朝が変わるたびに少しずつ尺の長さが変えられてしまい、その結果として各地でバラバラの長さになってしまいました。

そして、唐という王朝の時代にふたたび尺や寸の基準が定められ、その基準が日本に伝わって使われるようになりました。

● 親指と中指を広げた長さ

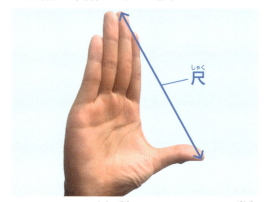

▲はじめのころの尺は約18センチメートル。現在の尺は約30センチメートルだよ。

尺 しゃく

こんなところで使われている！

巻尺（まきじゃく）
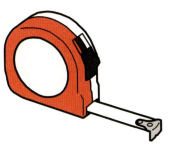

建築（けんちく）

着物（きもの）

一寸法師（いっすんぼうし）

どんな単位？

尺って言葉は、花火で聞いたことあるなぁ。

尺玉のことだね。尺は花火の大きさではなくて、打ち上げる前の玉の大きさを表しているよ。

あれ、でも3号玉とか4号玉という言い方もするよね。どうちがうの？

よく知っているね！ 1号というのは1寸と同じなんだよ。3号玉は3寸の大きさなので玉の直径は9センチメートル。大きい花火だと10号玉っていうのもあるんだ。

尺と寸の びっくり する話

尺八の長さは「8尺」ではない!?

今でも、尺と寸を基準にしてつくられたものが残っています。尺八という奈良時代から日本に伝わっている楽器は、その名前に「尺」という文字が使われているように、尺をもとに長さが決まっています。

ただし、長さは8尺ではなく、1尺8寸。つまり「一尺八寸」からつけられた名前なのです。

また、畳も尺と寸をもとにつくられており、少しずつ長さがちがいますが、多くの畳は長いほうが6尺、その半分の3尺が短いほうの長さとなります。

尺八は唐の時代に日本に伝わったとされているよ。

丈、間、町、里

昔、日本で使われていた単位は、「尺」や「寸」のほかにもたくさんあった。じつは、今でも使われている単位があるよ。

昔の日本で土地や建物などに使われていた単位だよ。

中国で生まれた「丈」「里」、日本で生まれた「間」「町」

「丈」は、古代に中国から日本に伝わった単位です。「尺」の10倍の長さとされていました。日本で生まれた「間」は、もともと建物の柱と柱の間の長さでした。それが測量に使われるようになって長さを表す単位となりました。

「町」や「里」は面積を示す単位として使われましたが、のちにその一辺の長さを表すようになりました。

「町」は、奈良時代に日本でできた単位です。江戸時代まで使われ、メートルが日本に伝わった明治時代に、60間を1町とすることが決まりました。「里」は中国から伝わった単位で、明治時代に36町が1里とされました。

●尺と丈、間、町、里の関係

	1尺	1間	1丈	1町	1里
尺	—	6尺	10尺	360尺	12960尺
間	1/6間	—	1.67間	60間	216間
丈	1/10丈	3/5丈	—	36丈	1296丈
町	1/360町	1/60町	1/36町	—	36町
里	1/12960里	1/216里	1/1296里	1/36里	—

丈 こんなところで使われている！

日本家屋

●メートルにするとこうなる！

1間＝約 1.82 メートル
1丈＝約 3 メートル
1町＝約 109 メートル
1里＝約 3927 メートル

どんな単位？

漢字で表す単位はこんなにたくさんあるんだね。

そうだね。まだ使われている単位もあるんだよ。

「町」は、町の名前で使われているよね。

……それは、町という行政区分だよ。使われているのは「間」。日本家屋では「間」が使われているんだ。もちろん、メートルに直したほうが、長さはわかりやすいけどね。

建物をつくるとき、メートルに直すのは、めんどうだね。

里のへえ～な話

道具がない！ だから歩いてはかった「里」

長さをはかるメジャーなどの道具がなかった昔の日本では、里をどうやってはかっていたのでしょうか。じつは、約1時間歩いた距離を1里としていました。時間は「ろうこく」(164ページ)とよばれる水時計を使ってはかりました。

人によって歩く速さや歩幅がちがうため、さまざまな長さの里があったそうです。また、「里」は地名にも残っています。たとえば千葉県にある九十九里浜は、鎌倉幕府を開いた源頼朝が1里ごとに矢を立てていったところ99本になったことから名づけられたとされています。

◀九十九里浜。長い海岸線が続いているけど、本当に99里あるわけではないんだ。

光年 ly

私たちがくらす地球から、はるか遠くはなれた宇宙までの距離を表すときに使う単位が「光年」だ。でも、星までの距離なんて、どうやってはかるのだろう。

●地球からの距離

おうし座 44.7光年
おひつじ座 12.5光年
てんびん座 19.3光年
しし座 7.78光年
さそり座 22.74光年
かに座 11.8光年
ふたご座 18.2光年
いて座 9.68光年
おとめ座 10.92光年
みずがめ座 11.3光年
やぎ座 18.6光年
うお座 14.1光年

それぞれの星座の中で、地球から一番近い星までの距離を示しているよ。

どうやってできた？ 星までの距離をはかるために考えられた単位が「光年」

宇宙にたくさんある星までの距離はメートルで表すと数値が大きくなるため、新しい単位で表す必要がありました。そこで考えだされたのが、「光が1年間に通過する距離」で、これが1光年です。

1838年、ドイツの数学者で天文学者のフリードリヒ・ヴィルヘルム・ベッセルがこの「光年」という考え方をはじめて用い、のちにドイツの科学者オットー・ウレが「光年」と名前をつけました。

ところで、太陽から出た光は約8分で地球に届きます。計算をすると、地球から太陽までの距離は、0.00001581光年となります。

●ウレ

◀ウレが書いた本の中で、「光年」という言葉が使われていたんだ。

78

ly こんなところで使われている!

宇宙開発

天体観測

どんな単位?

空に見える星は、とても遠くにあるんだね。

そうだね。何十年も前に出た光が、地球に届いているんだよ。光が届くまでに、その星が消えてなくなってしまうことだってあるんだ。

今見えている星は、もう存在していない可能性もあるってこと?

そうだよ。遠いから光が届くのに時間がかかるんだ。

へえ〜。宇宙ってなんだかふしぎなことばっかりだなあ。

光年のびっくりする話

何億光年もはなれた宇宙を調べる望遠鏡

1光年をキロメートルにすると約9兆4600億キロメートルです。光が1秒間に進む距離は約30万キロメートルで、およそ地球7周半の距離となります。

観測史上もっとも遠いところにある「銀河系」という星の集まりは、なんと134億光年先にあることがわかっています。100億光年もはなれた星は、地球上にある天体望遠鏡では見ることができません。スペースシャトルで宇宙に打ち上げられた「ハッブル宇宙望遠鏡」によって、観測されています。

1990年から宇宙で天体観測を続けている「ハッブル宇宙望遠鏡」。

星座までの距離

夜空に見える星座の中で、明るい星までの距離を調べてみたよ。同じように見えても、地球までの距離はぜんぜんちがうんだ。

シリウス（おおいぬ座）

8.6光年

フォーマルハウト（みなみのうお座）

25光年

北極星（こぐま座）

430光年

アルタイル（わし座）

17光年

明るく見える北極星は、430光年も離れているのね！

カペラ（ぎょしゃ座） 42光年

ベテルギウス、リゲル（オリオン座） 500光年 700光年

同じ星座の星も、ひとつひとつの距離がちがうよ。

ベガ（こと座） 25光年

プロキオン（こいぬ座） 11光年

アルクトゥルス（うしかい座） 37光年

こんなに遠いんだ！

ly 光年

パート3 長さ

くらべてみよう！
長さの単位

さまざまな長さの単位をくらべて長さのちがいを見てみよう。

1寸より短い1インチ、1フィートより短い1尺

1インチは2.54センチメートル、1寸は約3.03センチメートルです。1インチより1寸のほうが長いということになります。

また、1寸の10倍の1尺は、約30.3センチメートル、1インチの12倍の1フィートは30.48センチメートルです。つまり、1尺より1フィートのほうがわずかに長いです。フィートと尺の長さはほとんど同じです。

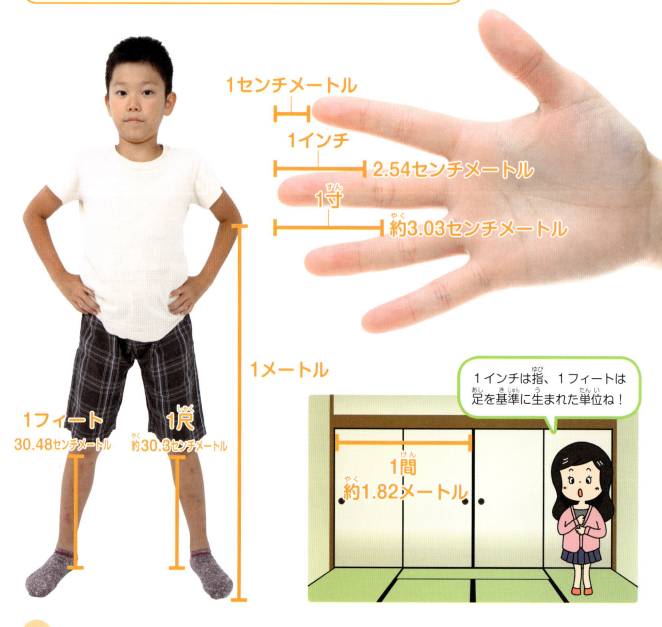

1センチメートル
1インチ
2.54センチメートル
1寸
約3.03センチメートル
1メートル
1フィート 30.48センチメートル
1尺 約30.3センチメートル
1間 約1.82メートル

1インチは指、1フィートは足を基準に生まれた単位ね！

1メートルより短い1ヤード

1ヤードは0.91メートル、1間は1.82メートルです。1間は6尺と同じ長さです。1間より長く10尺と同じ長さの1丈は、約3.03メートルです。

> インチ・ヤードと、センチメートル・メートルの長さの関係を覚えておこう。

1フィート
| 1 | 2 | 3 | 1ヤード

1メートル

1尺
| 1 | 2 | 3 | 4 | 5 | 6 | 1間
| 1 | 2 | 3 | 4 | 5 | 6 | 7 | 8 | 9 | 10 | 1丈
約3.03メートル
1尺

1マイルよりも長い1海里

1000メートルが1キロメートルです。1マイルは約1609.3メートル、1海里は1852メートルです。1海里は1マイルより約243メートル長くなります。

マイルや海里よりも長い1里は、約3927メートルです。また、1里は1296丈、2160間、1万2960尺です。

> 名前はちがうけどよく似た長さの単位があるね。

1キロメートル

1マイル
約1609メートル

1海里
約1852メートル

1里
約3927メートル

世界のふしぎな単位 ①
長さ

小さな世界で役立つ長さの単位

目に見えない世界で使われている長さの単位があります。人も植物も食べ物も金属も、あらゆるものは「原子」という小さな物質によってつくられています。

この原子の形は、確認することはできませんが、特殊な顕微鏡を使ってかろうじて観測することができます。原子の長さをはかる単位がいくつかあり、その単位のいくつかを紹介します。

ミクロの世界にも、もちろん単位があるよ！ 研究者たちが使っているんだ。

オングストローム　Å

「オングストローム」は、1メートルの10000000000（100億）分の1の長さと、非常に小さな長さの単位です。

原子の大きさはその種類によって変わりますが、一番小さな水素原子の半径は1.2オングストロームです。スウェーデンの物理学者であるアンデルス・オングストロームの名前が由来です。

▲1メートルの100億分の1の長さの単位を使ったオングストロームだよ。

フェムトメートル　fm

オングストロームよりもさらに小さい、長さの単位が「フェムトメートル」です。

1フェムトメートルは、1オングストロームのさらに10万分の1の大きさになります。原子の中心にある「原子核」とよばれるものの大きさが、ほぼ1フェムトメートルと同じになるのです。

1メートルの1000000000000000分の1って……。原子核はとっても小さいのね。

84

重さの単位

はじまりはシケル

重さを表す単位の「シケル」は、なんと今から5000年も前に使われていたとされている。何の重さをはかっていたんだろう？

●大麦の粒

この大麦をはかることから、重さの単位がつくられたんだよ。

どうやってできた？ 紀元前3000年ごろ、大麦の重さから生まれた

今から5000年前の古代メソポタミアで使われていたとされる単位がシケルです。もともとは、この地域でよくとれた大麦の量を表す単位で、大麦180粒の重さが1シケルとされました。牛や羊と銀を取引をする際、このシケルを使って銀の重さをはかっていたのです。

当時の1シケルの重さは8.33グラムでしたが、時が経つにつれて少しずつ1シケルが表す重さは変わっていきます。

紀元前6世紀ごろ、現在のトルコに位置するリュディアの国王クロイソスが、1シケルの重さをもとに、シケルという通貨をつくったといわれます。

●クロイソス

▲通貨のシケルをつくり、お金の考え方を発明した人物とされているよ。

シケル

こんなところで使われている!

かつて通貨として使われた銀貨シケル

©Classical Numismatic Group, Inc.2009

イスラエルで現在使われている通貨シケル

通貨としてのシケルは、古代メソポタミア以外の地域でも使われた。ただし、国ごとに重さはバラバラ。現在イスラエルでは「新シケル（シェケル）」が通貨単位（日本の円のようなもの）として使われているよ。

どんな単位?

どうして、5000年も前に使われていた単位のことがわかるの?

聖書のなかに、重さの単位として登場しているからだよ。

そうか、聖書は今でも読まれているからね。

ちなみに、シケルが使われていたのは5000年も前らしい。そのころ、日本は何時代かな。知ってる?

えーっと、縄文時代!

シケルのへえ～な話

聖書に登場する「シケル」

キリスト教徒やユダヤ教徒にとって重要な書物とされる聖書には、シケルにまつわるこんな話が残っています。

羊飼いのダビデは、ある戦いでゴリアテという巨大な兵士と戦うことになりました。ゴリアテは、5000シケルもある重い鎧を着て、600シケルの鉄のやりを持っていました。

ダビデは、鎧もつけずにゴリアテに突進して石を投げつけました。石はゴリアテのひたいに命中し、ダビデはその首をとって勝利します。その後、ダビデは古代イスラエルの王様になりました。

ミケランジェロという芸術家がつくったダビデの像。ゴリアテと戦う前に、石を持ってねらいを定めているときのポーズとされている。

キログラム kg

重さの単位「キログラム」は、世界中でよく使われている単位だ。体重や農作物などの重さをはかるときに使われているね。

これは重量挙げというスポーツだよ

どうやってできた？ メートル法が導入されるとき、同時にキログラムも決められた

グラムの語源は「穀物」を表すギリシャ語の「グレーン」です。グレーンには「小さな重さ」という意味もありました。

メートルを定めた18世紀末のフランスで、「1気圧、0℃における、一辺が10センチメートルの立方体の蒸留水の質量」を1キログラムとしました。こうして、世界共通の重さの単位としてのキログラムが広まっていくのです。

キログラムは、明治時代にメートルといっしょに日本に入ってきました。メートルが「米」とされたように、はじめは漢字で「瓩」（キログラム）と表示されました。

● キログラムの基準

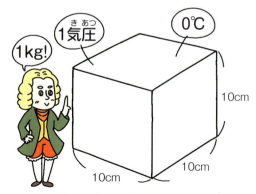

▲フランス人は、細かい条件のもとにある水の重さから、1キログラムを決めたんだね。

体重計

お米

エレベーターの重量制限

乗用
定員　6名
積載　450kg

体重がちょっと増えちゃった。

今、何キログラムあるの？ぼく39キログラム。お兄さんは？

ぼくは60キログラム。みんな成長期だから、体重は増えるんだよ。

そうだよ。お兄さんより軽いんだし、気にしなくていいよ。で、何キログラム？

ぜったい、教えな～い！

キログラムの へぇ～ な話

デジタル式体重計のしくみ

むかしは目盛りがついたアナログ式の体重計が使われていました。最近は、のったら数字が表示されるデジタル式の体重計が増えています。この体重計のしくみを紹介します。

まず、デジタル式の体重計にのると、その重さで中の金属が曲がるしくみになっています。金属はセンサーとつながっています。このセンサーが何ものっていないときとの差を用いて、体重が表示されるしくみになっています。

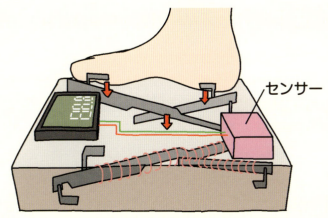

デジタル式の体重計は、人がのったときにセンサーが金属のゆがみを感知して、重さを表示するしくみになっているんだ。

キログラムとその仲間

「キログラム」のキロがなくなると、重さは1000分の1になるよ。その反対に、キログラムの1000倍の単位もあるんだ。

● グラム

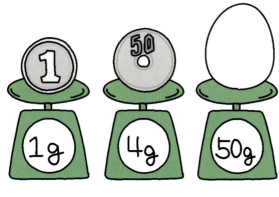

● ミリグラム

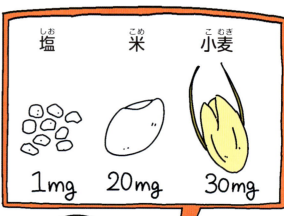

グラム（g）

　1キログラムの1000分の1が、1グラム（1g）です。
　1円玉の重さがちょうど1グラムです。50円玉の重さは4グラム、500円玉は7グラムです。スーパーマーケットなどでは、肉や魚がグラム単位で売られています。
　「グラム」は「キロ」のように接頭辞がつかない単位ですが、グラムで体重を表すと数値が大きくなりすぎることなどから、重さの基準は「キログラム」を使うようになりました。

ミリグラム（mg）

　1キログラムの100万分の1が、1ミリグラム（1mg）です。
　1ミリグラムの重さは塩10粒くらい。かなり軽いモノを表すときに使う単位です。お米1粒は約20ミリグラム、小麦1粒は約30ミリグラムです。
　薬の重さを表すときは、このミリグラムがよく使われます。また、食べ物や飲み物にふくまれている栄養成分を「ビタミンC1000ミリグラム」などと表すことがあります。

60キログラムの人間の体重をメガグラムで表すとしたら、0.06メガグラムになるよ。

メガグラムって、聞いたことないけど、トンと同じ重さなんだね。

● メガグラム以上の重さ

メガグラム（Mg）、トン（t）

1キログラムの1000倍が、1メガグラム（1Mg）です。大きなワニやサイは、1メガグラムほどの重さになることもあります。また、軽自動車の重さも、約1メガグラムです。

メガグラムと同じ重さを表す単位として「トン（t）」（94ページ）という単位があります。この1メガグラムの1000倍が1ギガグラム（1Gg）です。打ち上げられるときのスペースシャトル（全体）は約2ギガグラムの重さがあります。

もっと軽いグラム

もっともっと軽い小さな単位を紹介します。1ミリグラムの1000分の1が1マイクログラム（1μg）です。砂粒1粒よりも軽く、ほとんど見えない大きさの砂粒が数マイクログラムとなります。

さらに小さい1マイクログラムの1000分の1が1ナノグラム（1ng）、その1000分の1が1ピコグラム（1pg）です。人間の体をつくっている細胞の1つの重さは、1ナノグラムといわれています。

キログラムのおもしろい話

人間の骨や筋肉、体の中にある臓器の重さや、キログラムの新しい基準、意外なモノをはかるときに使われるキログラムなどの話を紹介するよ。

●臓器や骨の重さは人それぞれ

人間の体内にある臓器の重さを見てみよう。ただし、人間の体の中にある骨や筋肉、臓器の重さは人によってちがうので、注意してね。

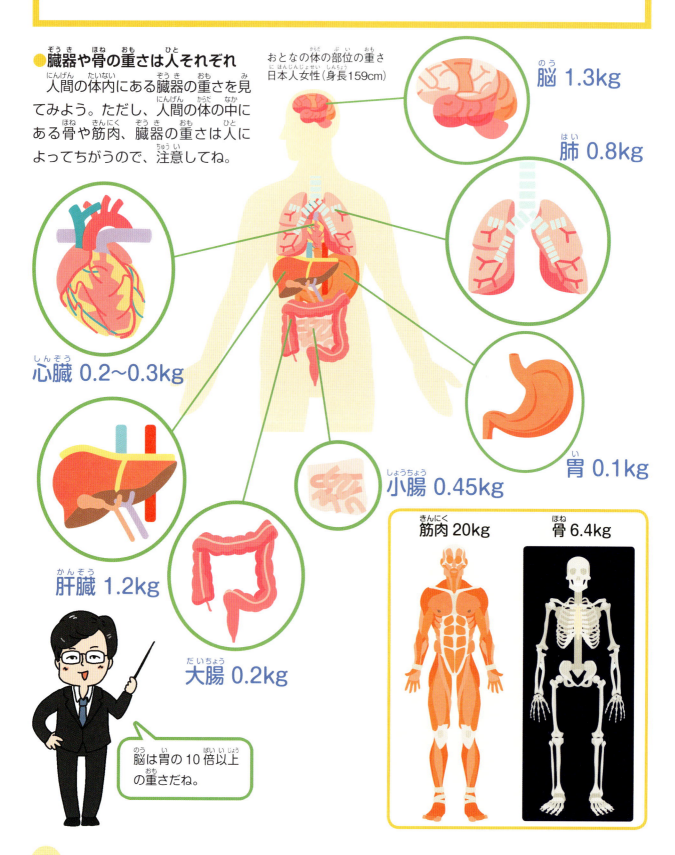

おとなの体の部位の重さ
日本人女性（身長159cm）

脳 1.3kg
肺 0.8kg
心臓 0.2〜0.3kg
胃 0.1kg
小腸 0.45kg
肝臓 1.2kg
大腸 0.2kg
筋肉 20kg
骨 6.4kg

脳は胃の10倍以上の重さだね。

キログラムが新しくなる!?

キログラムの基準となるキログラム原器は白金（プラチナ）とイリジウムの合金でできています。しかし時が経つと、わずかに重さが変わってしまうことがあります。

また同じものをつくっても、まったく同じ重さにするのは非常にむずかしく、わずかに重さがちがってしまうという問題があります。

実際に、国際キログラム原器とそれを複製した原器の重さの差は約50マイクログラムと、わずかに重さがことなります。わずかなちがいでも、基準となる正確な重さとはいえません。

そこで、2018年の世界的な会議で、より正確な基準に見直される予定です。正確に1キログラムを定めるため、原器を使わずに、これまでとはちがう方法で基準をつくる必要があるのです。簡単にいうと、原子の数と重さの関係からキログラムの基準を定めようとしているのです。

紙の厚さはキログラムで表す

本などの印刷物で使われる紙の厚さは「90キログラム」「110キログラム」のように、重さの単位であるキログラムを使って表されます。なぜ、「ミリメートル」などを使わないのでしょうか？

じつは、紙の厚さは「一定の大きさの紙1000枚分の重さ」を使って表しています。この重さを「連量」といいます。重さで紙の厚みがわかるというわけです。

本で使われる紙をよく見てみると、厚さがちがうことがわかるよ。

もっと知りたい！ はかりの歴史

重さをはかる道具「はかり」の歴史をたどってみましょう。紀元前3000年より前の古代エジプトには、すでに「てんびん」がありました。重さをはかるモノをてんびんの片方に置き、もう片方に基準となるおもりを置いて重さをはかっていたのです。

17世紀になると、つり下げる形ではなく、てんびんに皿をつけた「上皿てんびん」が発明されます。こうして、大きなモノや重いモノも、てんびんを使って重さをはかることができるようになりました。

古代エジプトの「死者の書」という書物には、てんびんを使う神様がえがかれているよ。

トン   t

重さの単位「トン」は、ヤード・ポンド法で定められた単位。人間よりもはるかに重いものを表すときに使われているよ。

ゾウの種類の中でもっとも大きなアフリカゾウだ。オスのゾウは6トンもあるよ。

 樽に入ったワインの重さから生まれ、貿易で使われた

「トン」は古いフランス語で「tonne」と書きます。これは、ワインを入れる「樽」を意味します。ワインがいっぱいにつめられた1本の樽の重さを1トンとし、ヨーロッパの国々を中心に貿易などの取引で使われていました。

メートル法ができたとき、メートルトンという単位、つまり1000キログラムを1トンとする単位が定められました。このメートル法による「トン」が世界に広まりました。

ただし、アメリカやイギリスではヤード・ポンド法が使われているため、メートル法とは重さがちがう「トン」も使われています。

●トンの名前のもとになった樽

◀1本の樽の中がいっぱいになるまで入った水の重さが、1トンと決められたんだ。

こんなところで使われている！

トラック

◀ 輸送用、工事用のトラックには「4トントラック」「8トントラック」などがある。これは、そのトラックに積める荷物の重さを表しているよ。

タンカー

▲ 天然ガスなど、大量の資源を運ぶ船では「総トン数」が使われることもある。このトン数が示す数字は、運ぶモノの重さではなくて船の大きさだよ。

どんな単位？

人間の体重をトンで表すこともできるんだよね？

……い、いや、体重が1トンもある人はいないから、小さな数字になっちゃうよ。

つまり私は、0.039トンってことかしら？

つまり、39キログラムってことだね。

あー！ 体重39キログラムなの？ ぼくといっしょだね。

トンのびっくりする話

軽いトンと重いトンがある！？

じつは、トンの重さは3種類あります。世界的に使われている1000キログラム＝1トンのメートル法のトン、アメリカで使われている約907.18キログラム＝1トンの米トン、そしてイギリスで使われている約1016.05キログラム＝1トンの英トンの3種類です。

英トンはメートルトンより重いことからロングトンとよばれ、米トンは軽いことからショートトンともよばれます。

米トンと英トンは、メートル法が広まる前から使われていて、今でも残っています。

軽い（ショート）

アメリカ ＝ 907キログラム

＝ 1000キログラム

重い（ロング）

イギリス ＝ 1016キログラム

軽い順にならべると、米トン、メートルトン、英トンとなるよ。

ポンド lb

アメリカやイギリスで使われている重さの単位、「ポンド」。でも、どうして日本ではあまり見かけないのだろう？

ボクサーの体重はポンドで表しているよ。

どうやってできた？ 大麦の粒の重さをもとに古代メソポタミアで生まれた

ポンドという単位のもとをたどると、古代メソポタミアの大麦1粒の重さである「グレーン」という単位にいきつきます。当時、1ポンドは、人が1日に食べる大麦の量とされていました。シケル（86ページ）と同じで、大麦の重さから生まれた単位なのです。

その後、ローマ人がグレーンをイングランドに持ちこみ、エリザベス1世が1584年に1ポンドを7000グレーンと定めました。それまでイギリスには重さの基準をはかる機械がなく、このときはじめてつくられました。

そして1959年に、1ポンドは約0.45キログラムと定義されました。

●エリザベス1世

◀ポンドを重さの単位の基準として使うことを決めたのは、エリザベス1世だ。

lb こんなところで使われている!

テニスのガット

◀ テニスラケットに張ってあるガットには、ポンドが使われる。これは、ガットを張るときの強さ(ゆるさ)を、道具として使うおもりの重さで決めているからだ。

● ボクシングの階級

階級名	体重 ポンド	体重 キログラム
ミニマム級 （軽い）	~105	~47.62
ライト・フライ級	105~108	47.61~48.97
フライ級	108~112	48.97~50.80
スーパー・フライ級	112~115	50.80~52.16
バンタム級	115~118	52.16~53.52
スーパー・バンタム級	118~122	53.52~55.34
フェザー級	122~126	55.34~57.15
スーパー・フェザー級	126~130	57.15~58.97
ライト級	130~135	58.97~61.23
スーパー・ライト級	135~140	61.23~63.50
ウエルター級	140~147	63.50~66.68
スーパー・ウエルター級	147~154	66.68~69.85
ミドル級	154~160	69.85~72.57
スーパー・ミドル級	160~168	72.57~76.20
ライト・ヘビー級	168~175	76.20~79.38
クルーザー級 （重い）	175~200	79.38~90.72
ヘビー級	200~	90.72~

※ 2018年2月現在

どんな単位?

ポンドって単位、ぜんぜん聞いたことないよ。

日本ではキログラムを使うからね。英語だと、パウンドと発音するよ。ほら、パウンドケーキって、聞いたことはないかな?

聞いたことある! パウンドってポンドのことなの?

そうだよ。小麦粉、バター、砂糖、卵をそれぞれ1ポンドずつ使ってつくるから、この名前がついたんだって。

へー、知らなかった!

ポンドのなるほど話

宝石専用のポンド

通常よく使われるポンドのほかに、「トロイポンド」と「薬用ポンド」があります。通常のポンドが1ポンド約0.45キログラムに対してトロイポンドと薬用ポンドは、1ポンド約0.37キログラムです。今でもアメリカではトロイポンドは宝石や貴金属の取引で、薬用ポンドは薬の分野で使われています。

なお、1トロイポンドの銀を通貨として使ったことから、イギリスでは通貨の単位としてもポンドが使われています。

lb ポンド

パート4 重さ

ポンドのおもしろい話

ポンドの記号のひみつやポンドの仲間のオンスのこと、ボクシングで使われているグローブのひみつを紹介するよ。

ポンドの記号を「lb」と書く理由

ポンドの単位記号は「p」や「pd」ではなく「lb」です。名前とまったく関係のない2文字が単位記号に使われています。なぜ「lb」と書くのでしょうか。

じつは、ポンドの単位記号の由来は、古代ローマ語でてんびんを意味する「リブラ」(libra)からきています。てんびんは古代から重さをはかる道具として使われていて、ポンドの記号lbも「重さをはかる」という意味で使われているのです。

昔は「リブラポンド」ともよばれていて、その「リブラ」が省略されて「ポンド」だけが残った、という説があります。

lbはてんびんを意味していたんだよ。

●ポンドの下の単位「オンス」

	キログラム	グラム	ポンド	オンス
1キログラム	―	1000	2.2	35
1グラム	0.001	―	0.0022	0.035
1ポンド	0.45	453	―	16
1オンス	0.028	28	0.062	―

◀1ポンドは453グラム、1オンスは28グラムだよ。たとえば、体重40キログラムをポンドに直すときは、40×2.2で88となるんだ。

アメリカやイギリスなど、ヤード・ポンド法で定められた重さを使う国々で、ポンドより軽いモノをはかるときに使われる単位が、「オンス」です。記号で「oz」と表示されます。

これらの国々では、日本で100グラム150円などのように、はかり売りされる肉や野菜などが、12オンス5ドルのように売られています。1ポンドが16オンスなので、計算が少しややこしいかもしれません。

ポンド・オンスとグラム・キログラムとの関係は、上の表のとおりです。

98

ボクシングでは「パウンド」!?

ボクシングには、選手の体重別に階級があります（97ページ）。この体重を表すときにポンドを使用します。

しかし、ボクシングではポンドとは発音せず「パウンド」と発音します。

ポンド（pond）と発音するのはオランダ語で、英語ではパウンド（pound）と発音するのです。

また、ボクシングで使うグローブの重さは、オンスで表されます。

プロボクシングの場合は、ミニマム級からスーパー・ライト級までが8オンスのグローブを使い、ウエルター級以上は10オンスのグローブを使います。

重い階級になると、自分のパンチの威力でこぶしを痛めてしまうことがあるため、重いグローブを使うのです。

> グローブはオンス、階級はパウンドだね。

もっと知りたい！ 「ハーフ」と「クォーター」

1ポンドの半分を表すときには、0.5ポンドというときもありますが、普通は英語で半分を意味する「ハーフ」を使ってハーフポンドといいます。

また、ハーフポンドのさらに半分である4分の1ポンドは「クォーター」を使って「クォーターポンド」と表します。

4分の1はクォーター、4分の2は通分すると2分の1なのでハーフですが、4分の3を表すときには「スリークォーター」といいます。

1ポンド → 1/2 ハーフポンド
1ポンド → 1/4 クォーターポンド
1ポンド → 3/4 スリークォーター（ポンド）

「スリークォーター」のときは、長くなるのをさけるためにポンドをつけないことが多いんだ。

貫、匁

重さの単位「貫」は江戸時代から日本で使われていた「尺貫法」の単位だ。でも、1958年に使用禁止になったんだ。

> 江戸時代に行われた相撲のようすだよ。力士の体重は貫で表したんだ。

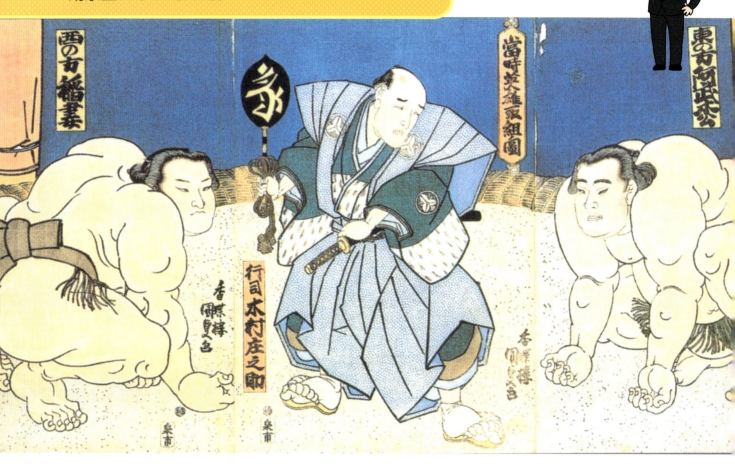

どうやってできた？ お金にひもを通してまとめたことからはじまった

　貫とは江戸時代の大量のお金（銭）を持ち運ぶためにつくられた道具（銭貫）の名前でした。銭の中央に開いている穴にひもを通して、1000枚を1組（一貫文）として保管されていました。

　当時の通貨である一文銭の重さをもとに、1貫の重さは定められました。また、一文銭1枚の重さは「銭」あるいは「匁」とされていました。

　ただし、キログラムをはじめとするメートル法の単位が日本に伝わると、世界の重さの単位に合わせるため、尺貫法は取引などで使うことが禁止され、日常で使われることは、ほぼなくなりました。

●一貫文

▲真ん中の穴にひもを通してつなげていたよ。

貫
かん

貫 こんなところで使われている!

真珠

▲真珠がとれるアコヤガイの養殖に世界ではじめて成功したのは日本。だから、「匁」が使われたんだ。

タオル

▲昔、タオルは12枚セットで取引され、「200匁」「800匁」などの重さで値段がつけられていたよ。

昔のお金

▲「貫」はお金の重さとしてだけでなく、今の「円」のような通貨単位として使われたんだ。

今でも真珠の取引では匁が使われているよ。

どんな単位?

貫や匁って単位、聞いたことがあるかな?

知らなーい。どこで使われていたの?

お金の重さをはかるときに使われていたんだよ。

そういえば、昔のお金も5円玉みたいに穴が開いていたんだってね。

5円玉は、ちょうど1匁の重さなんだよ。3.75グラムだ。

そうなんだ!

パート4 重さ

匁の へぇ〜 な話

昔あそびの「はないちもんめ」

「はないちもんめ」という昔あそびがあります。この「もんめ」は匁のことです。
「はないちもんめ」を漢字にすると、花一匁。つまり花を買うときに値段を下げてほしいとお願いするようすをもとにした遊びです。
3、4人で2グループに分かれて手をつなぎ、片方のグループが「か〜ってうれしいはないちもんめ♪」と前に出て、もう片方のグループはうしろに下がります。
この続きの遊び方は、先生やおうちの人に聞いてみましょう。

手をつないで歌いながら遊ぶよ。

101

日本で使われていた重さの単位

昔の日本には、さまざまな重さを表す単位があったんだ。それぞれの成り立ちや重さを見てみよう。今も使われている単位があるよ。

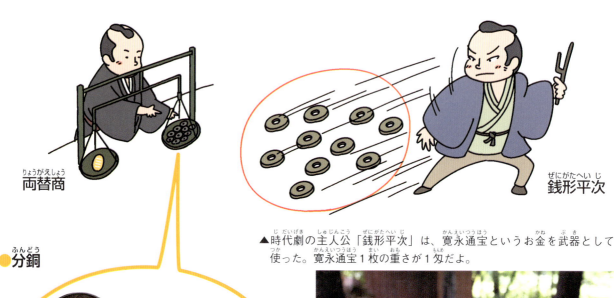

両替商

分銅

▲時代劇の主人公「銭形平次」は、寛永通宝というお金を武器として使った。寛永通宝1枚の重さが1匁だよ。

銭形平次

©As6022014 2008

両

1匁の10倍の重さが1両です。奈良時代に中国の唐王朝から、大小2種類の両が伝わりました。その後、匁の重さの変化に合わせて、両の重さも変わっていきました。

江戸時代には、両替商がてんびんと分銅を使って重さをはかり、金や銀を交換していました。それとは別に、両は通貨の単位としても使われました。

明治時代になると、1両は37.5グラムとなりました。

斤

1匁の160倍、1両の16倍の重さが1斤です。江戸時代には、薬や外国からの輸入品など、はかるものの重さによって、いくつかの種類の「斤」が使われていました。

明治時代に1匁の重さが3.75グラムと定められたことで、ちょうど1斤が600グラムとなりました。

現在は食パンに「斤」という単位が使われています。340グラム以上の食パンは1斤とよぶことができると定められています。

●慶長大判
江戸時代のはじめに発行された通貨のひとつ「慶長大判」は、重さが44匁（約165グラム）だった。金のかたまりをうすく引きのばしてつくられていたよ。

明治時代に外国から単位が入ってきて、それまでの単位が使われなくなったんだ。

●慶長小判
慶長大判よりも小さい「慶長小判」の重さは、4.76匁（約18グラム）。時代がたつにつれて金のふくまれる量が少なくなり、小判の重さは変わっていったよ。

重さの単位がお金やパンの単位になったのね。

●慶長一分判
慶長小判の4分の1の重さになるようにつくられた慶長一分判だよ。重さは1.19匁（約4.5グラム）だった。

分

1匁の10分の1の重さが1分です。明治時代に1分は0.375グラムとなりました。もともと「分」という言葉は「いくつかに切り分ける」という意味で使われていたので、重さ以外にもこの分が使われています。

たとえば、時間の単位である分（148ページ）がそうです。それ以外にも長さの単位としては寸の10分の1を表します。重さと長さの両方で、同じ字が使われるのは、めずらしいことです。

そのほかの重さの単位

分よりも小さい単位に「厘」や「毛」といった重さの単位があります。1分の10分の1が1厘で、さらにその10分の1が1毛となります。

毛は「毛」のようにほんのわずかな重さしかないことから使われるようになりました。

分と同様に、厘や毛は重さ以外の単位でも使われました。厘は通貨である「円」の1000分の1にあたります。毛は「円」の1万分の1です。

103

デニール　D

太さを表す単位「デニール」は、とても細い糸の太さなどを表すためにつくられた単位だ。女性の衣類で使われているよ。

バレリーナの衣装で使われている生地の厚さの単位に、デニールが使われているよ。

 ## 糸や繊維の太さを表すためにつくられた単位

　デニールは、女性がスカートの下にはくタイツやストッキングの生地の厚さを表す単位です。
　もともとは、古代ローマの通貨だった「デナリウス」という銀貨に由来するといわれています。この通貨と絹を取引していたことから生まれたとされています。
　9000メートルの糸の重さが1グラムのとき、1デニールとなります。非常に細い絹（生糸）や化学繊維のフィラメント糸などの太さを表すときに使われています。デニールの数値が大きくなればなるほど、厚手の生地になります。

●デニールのちがい

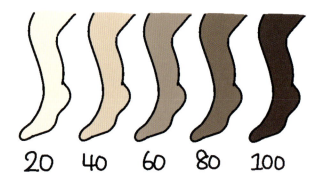

▲数値が大きくなると、厚手になり色がこく見える。身につけるとあたたかいんだ。

104

 こんなところで使われている！

 どんな単位？

ストッキング　タイツ

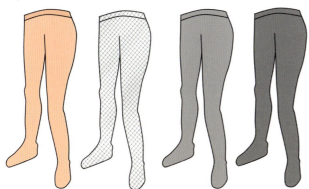

●ストッキングとタイツのちがい

タイツとストッキングのちがいは、いったい何でしょうか？　メーカーによっては、「30デニール以上の厚さがあるものをタイツ」「それ未満の厚さがあるものをストッキング」としています。

また、「腰からつま先までをおおう厚手のもの」をタイツといい、「丈が長くつ下のようになっているうす手のもの」をストッキングとしているメーカーもあります。じつは、はっきりと区別されていないのです。

 デニール……外国人の名前かなあ？

 ……女の人がはくタイツやストッキングに使われている単位だよ。

 よく知っているのね？

 ま、まあそうだね。デニールは繊維の太さを表す単位だよ。数値が大きくなると、繊維が太くなるんだ。

 繊維が太いから、色が濃く見えるってことね。

デニールのなるほどな話

糸の太さや繊維の厚さはいろいろ

糸や繊維の太さを表すデニールは、繊度ともよばれます。デニール以外にも、この繊度の単位はいくつかあります。

1デニールは「9000メートルの重さが1グラムの糸」です。また、「1000メートルの重さが1グラムの糸」は1テックスといいます。「テックス」も太さの単位です。

糸には、綿番手や麻番手という単位があります。1綿番手は「1ポンドの長さが840ヤードの綿の糸」、1麻番手は「1ポンドの長さが300ヤードの麻の糸」です。

糸の種類によって服の着ごこちも変わるよね。

カラット　ct

ダイヤモンドをはじめとする宝石や貴金属に使われている重さの単位が「カラット」だ。「グラム」よりも小さな単位だよ。

ダイヤモンドが輝いているね。

 **宝石の重さをはかるときに使われていた豆の名前をもとにつくられた**

　古代エジプトで宝石の重さをはかるときにカラット豆が分銅として使われていました。これが宝石の重さの単位カラットの名前の由来とされています。
　宝石の重さを表すときにグラムを使うと非常に小さい数値になり不便です。そのため、カラットが使われるようになりました。1907年のメートル条約により、1カラットは200ミリグラムと定義されました。
　とくにカラットが使われる宝石は、ダイヤモンドです。世界最大のダイヤモンドは1905年に現在の南アフリカで発見された「カリナン」で、3106カラット（約621.2グラム）もありました。

● 世界最大のダイヤモンド「カリナン」

▲105個にカットされたカリナンのうち、とくに大きかった9つのダイヤモンドだ。

こんなところで使われている！

貴金属

エメラルド　ルビー
アメジスト
アクアマリン　トパーズ

● 発見されたばかりのダイヤモンドはまだ光っていない？

鉱山からほり出されたダイヤモンドの原石は、大きさはもちろん、形や色もバラバラです。これを専門の技術者が美しく見えるように不要な部分をカットしたり、磨いたりして加工され、宝石になります。

原石から左の写真のような宝石になるうちに、大きさは数分の1になります。

どんな単位？

わー！ ダイヤモンドがきれい……って、これはおもちゃじゃないの！

本物のダイヤモンドは、そんな簡単には手に入らないよ……。

ところで、カラットって、ダイヤモンドの何を表す単位なの？

じつは、大きさじゃなくて重さの単位なんだ。ダイヤモンド以外の宝石にも使われるよ。

ダイヤモンドはロシアでよくとれるんでしょ？

よく知っているね……。

カラットのびっくりする話

金の純度をはかるカラットは「K」

ダイヤモンドなどの宝石の重さを表すカラットは、英語で「carat」と書きますが、金で使われるカラットは「karat」と書きます。これは、金製品にふくまれる金の割合を表す単位で、24で分割した割合（24分率）を用います。

すべて金でできている純度の高い金は24金、もしくはK24と表します。K22なら24分の22が金でできていて、ほかに別の成分がふくまれていることを表しています。

日本では、99.99%以上が金でできている場合、K24と表記してよいこととされています。

999.9の数字が、24金であることを示しているよ。

くらべてみよう！
重さの単位

さまざまな重さの単位をくらべてみよう。

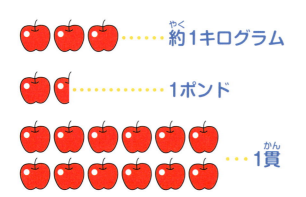

……約1キログラム

……1ポンド

……1貫

1キログラムより軽い1ポンド、重い1貫

1ポンドの重さは約0.45キログラムで、1キログラムより軽い単位です。この1キログラムより重いのが1貫です。1貫は3.75キログラムです。1000キログラムが1トンです。

約1トン
（3000個）

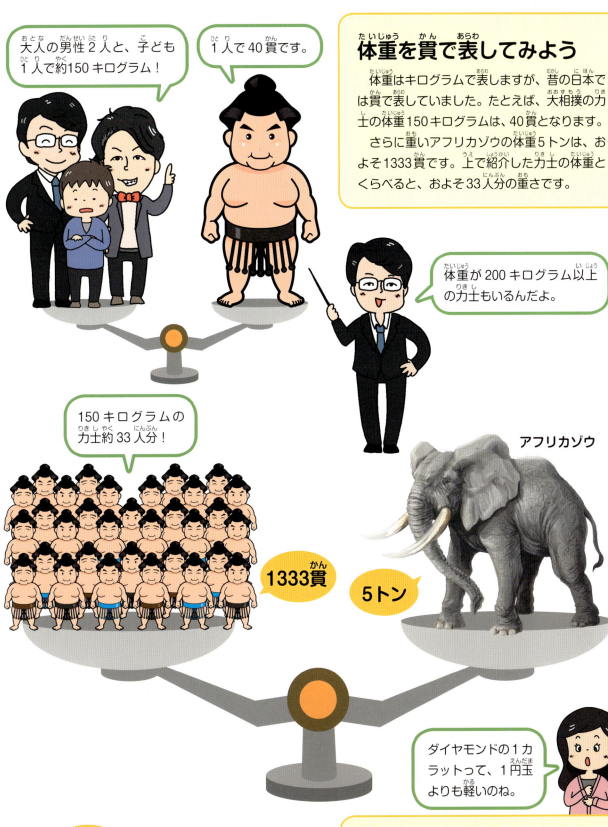

体重を貫で表してみよう

体重はキログラムで表しますが、昔の日本では貫で表していました。たとえば、大相撲の力士の体重150キログラムは、40貫となります。
さらに重いアフリカゾウの体重5トンは、およそ1333貫です。上で紹介した力士の体重とくらべると、およそ33人分の重さです。

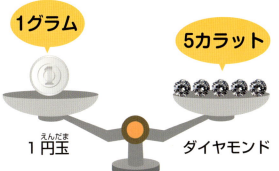

1グラムより軽い1カラット

ダイヤモンドの重さを表すカラットは、1グラムよりも小さい0.2グラムです。1円玉1枚はちょうど1グラムなので、1カラットのダイヤモンド5つとほぼ同じ重さということになります。

109

世界のふしぎな単位 ❷
重さ

星の重さを表す単位がある！

宇宙には、太陽や月、火星や土星などのたくさんの星があります。じつは、これらの星の重さは、動きを見たり、地球まで届く光を調べると計算することができます。ただし、星の大きさはいろいろあるため、重さの単位もいくつか存在します。

> 地球にいながら、星の重さがわかるってすごいよね。

地球質量、月質量、太陽質量

地球で一番重いものはなんでしょうか？ それはもちろん、地球です。

惑星の重さを表す単位は「地球質量」です。1地球質量をキログラムで表すと、なんと約5973000000000000000000000（5秭9730垓）キログラム。5973のあとに、0が21個もならびます。

地球の重さとほかの惑星の重さをくらべるときに、この地球質量を使います。

地球質量の単位の仲間に、「月質量」と「太陽質量」があります。これらは、それぞれ月1個分の重さ、太陽1個分の重さを表します。

月質量は地球質量の約81分の1です。太陽質量は地球質量の33万倍です。

星の重さは、地球質量、月質量、太陽質量のどれかを使って表します。

110

面積と体積の単位

平方メートル m²

面積の単位「平方メートル」は、日本だけでなく世界でも使われているSI単位のひとつだ。家の面積から土地の広さまでを表すよ。

日本一面積の広い都道府県の北海道にあるメルヘンの丘だよ。

18世紀にフランスで、メートルとともに生まれた

1平方メートルは、一辺が1メートルの正方形の面積です。

メートルが生まれたころは、面積を表す単位として平方メートルは主流ではありませんでした。メートルをつくったフランスでも、平方メートルではなく「アール（122ページ）」が使われていました。広い土地の面積を表すときは、平方メートルより、その100倍であるアールのほうが、けたの数を少なくできて便利だったからです。

その後、世界的にアールよりも平方メートルを使おうということになって、平方メートルが広まりました。

●世界一広いルーブル美術館

▲フランスの首都パリにある。面積は2万4000平方メートルで世界一だ。

m²
平方メートル

 こんなところで使われている！

土地や部屋

東京ドーム

▲「東京ドーム何個分」と言われる場合、面積はグラウンドや観客席だけでなく、外周（建物の外側のまわりの長さ）で計算されます。

学校の運動場
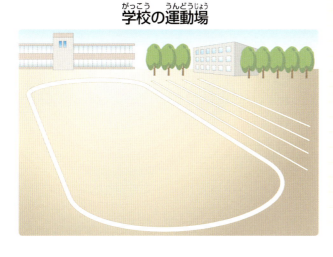

どんな単位？

平方メートルは、よく聞くね。

身近なものでいえば、学校の運動場や部屋の広さを表すときに平方メートルを使うことがあるよね。

よく言われるけど、東京ドームの広さって、どれくらい？

東京ドームの面積は、約4万6755平方メートルだよ。

すごーく広いんだね！

平方メートルのへぇ～な話

一辺の長さが10倍になると面積は100倍に！

「一辺が1メートルの正方形の面積」は1平方メートルですが、「一辺が2メートルの正方形の面積」は2平方メートルではありません。2×2で4平方メートルになります。

このように、長さが2倍になると面積は4倍になるのが、長さと面積の関係です。

つまり、一辺が10メートルの正方形の面積は、10×10の100平方メートルになります。一辺の長さが10倍になると、面積は100倍になるのです。

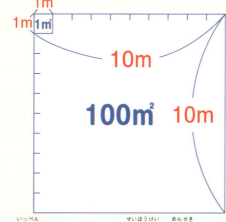
一辺が10メートルの正方形の面積は、10メートル×10メートルで100平方メートルだ。

パート5 面積と体積

平方メートルとその仲間

面積を表す「平方メートル」の前に接頭辞をつけると、単位が大きく変わるよ。くらしの中で「m²」がつく単位を探してみよう！

● スマートフォン

アイコンの大きさ
1cm²

● 大阪城公園

約1km²

● JR山手線の内側の面積

山手線の内側
約63km²

新宿駅　上野駅　東京駅　品川駅

▲東京都の中心部を、約60分かけてぐるっと1周する路線だ。

平方センチメートル（cm²）

一辺が1センチメートルの正方形の面積が1平方センチメートル（1cm²）です。

これは1平方メートルの1000分の1の面積です。スマートフォンの画面に表示されるアプリのアイコンの大きさが約1平方センチメートルです。

また、形が四角形でなくても面積を表すことができます。たとえば、1円玉の面積は約3.14平方センチメートル、500円玉は約5.5平方センチメートルです。

平方キロメートル（km²）

一辺が1キロメートルの正方形の面積が1平方キロメートル（1km²）です。大阪府にある大阪城公園の面積が、およそ1平方キロメートルとなります。

また、東京都にあるJR山手線は環状路線になっていて、その内側の面積がおよそ63平方キロメートルです。東京ドーム何個分という表現で使われる東京ドームの面積は、およそ0.047平方キロメートルで、1平方キロメートルは東京ドーム約21個分になります。

●おもな国や地域の面積

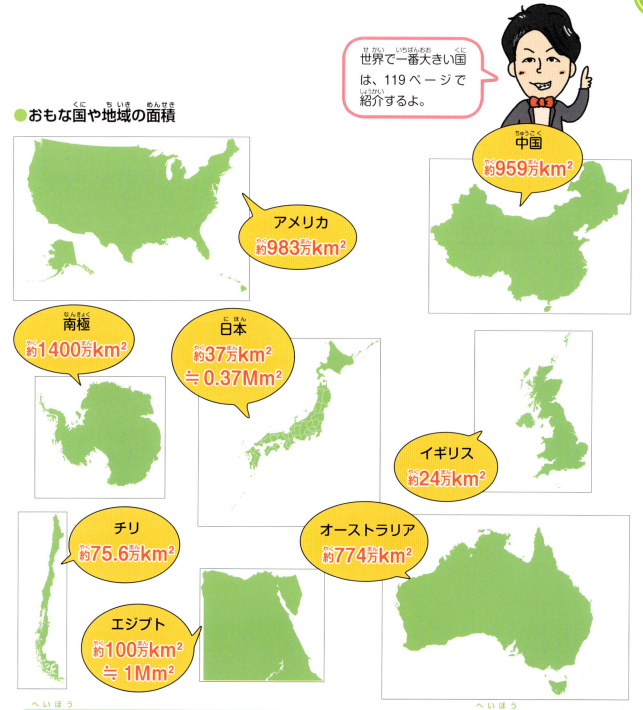

平方メガメートル（Mm²）

　1平方キロメートルの100万倍の面積の単位が1平方メガメートル（1Mm²）です。
　エジプトの面積は、およそ1平方メガメートルです。日本の面積は、およそ0.37平方メガメートルです。
　地球上の陸地のすべての面積の合計すると、およそ150平方メガメートルになります。また、地球上の陸地をのぞく川や湖、海などの水面の面積は、およそ360平方メガメートルとなります。

そのほかの平方メートル

　1平方メートルの100万分の1の面積の単位が1平方ミリメートル（1mm²）です。この1平方ミリメートルと1平方メートルの間にも単位が2種類あります。1つは1平方センチメートルで、もう1つが1平方デシメートル（1dm²）という、1平方センチメートルの100倍を表す単位です。
　1平方メートル＝100平方デシメートル＝1万平方センチメートル＝100万平方ミリメートルという関係になっています。

平方メートルのおもしろい話

読み方から単位の記号の意味、面積のはかり方まで、平方メートルについてもっとくわしくなれる情報を紹介するよ。

漢字で書くと「平米」に

　日本ではメートルを「米」と書くことがあるため、平方メートルを「平方米」と表記することができます。さらに省略して「平米」と書き、「へいべい」と発音します。

　ただし、この平米というよび方は平方メートルのときだけに使えます。一辺の長さが1キロメートルの平方キロメートルを単位で表すときは「平キロ米」とはいいません。

> おばあちゃんが「へいべい」っていうね。

㎡の「2」の意味

　平方メートルを表す記号「㎡」には、「2」という文字がふくまれています。

　この「2」は累乗とよばれる数や文字を表すルールとして使われているもので、「m」を2つかけ合わせるという意味です。

　正方形の面積は一辺の長さ×一辺の長さ、長方形の面積はたての辺の長さ×横の辺の長さで計算します。どちらも長さの単位（この場合はm）をかけています。m×m（mを2回かける）という意味で、㎡となっているのです。

土地の面積はこうやってはかる！

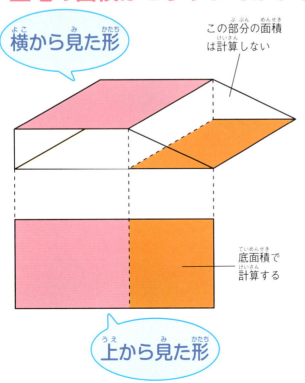

横から見た形／この部分の面積は計算しない／底面積で計算する／上から見た形

　平方メートルは、土地や建物の面積を表す単位です。ただし、土地や建物は、かならずしも正方形ではありません。ここでは、面積のはかり方を紹介します。

●土地の面積を計算する方法

　まず、測量（形を調べて、それぞれの長さをはかること）をします。どこからどこまでがはかる土地かを確定してから、面積を計算します。

　たとえその土地がデコボコしていたり、段差があったりしていたとしても、「上から見た形」をもとに面積を計算します。つまり、横から見てどんなにいびつな形をしていても、上から見れば面積の計算ができるのです。

●建物の面積を計算する方法

マンション

会社が入っているビルや人が住んでいるマンション、戸建て住宅の面積の表し方に「延床面積」があります。これは、仕事をしたり、生活をしたりする部分の面積です。2階建て、3階建てと、階数が増えていくほど延床面積も増えます。

高いビルはもちろん、2階建てや3階建ての家になると、建物が立っている土地の面積よりも延床面積が大きくなる場合がほとんどです。

1階から7階までの面積を合計したものが延床面積となる。

戸建て住宅

1階と2階の面積を合計したのが、延床面積となる。

土地や建物の面積は、こうやって計算するんだよ。

もっと知りたい！　土地の値段がもっとも高いのは銀座

土地の値段のことを「地価」といいます。この地価が日本一高い（2016年現在）場所が東京の銀座にある「山野楽器銀座本店」で、その金額は1平方メートルあたり、なんと4010万円になります。

全国の平均の地価は1平方メートルあたりおよそ7万3000円、もっとも地価が高い自治体である東京都中央区でも、平均で550万円です。この山野楽器銀座本店の地価がいかに高いかがわかります。

山野楽器銀座本店だよ。国土交通省の土地鑑定委員会という組織が、毎年1回全国の地価を調べ、公表しているよ。

日本と世界の面積の大小

地図を見ながら、日本と世界のさまざまな土地の面積をくらべてみよう。おどろきの事実が見つかるよ！

岐阜県高山市
一番大きい市町村
約2177km²

北海道
一番大きい都道府県
約8万3457km²

舟橋村
一番小さい市町村
約3.47km²

香川県
一番小さい都道府県
約1877km²

一番広い、せまい市区町村

日本において一番広い市区町村は岐阜県にある高山市で、その面積は約2177平方キロメートルです。2番目に広い市区町村は約1558平方キロメートルの静岡県浜松市です。

反対に、もっともせまい市区町村は富山県にある舟橋村で、約3.47平方キロメートルです。これは東京ドーム約74個分の広さです。東京23区でもっとも広いのは大田区で約60平方キロメートル、もっともせまいのは台東区で約10平方キロメートルです。

一番広い、せまい都道府県

日本一面積の大きな都道府県は北海道で、約8万3457平方キロメートルです。この面積はなんと日本全体の5分の1にあたります。

反対に、もっともせまい都道府県は香川県で、約1877平方キロメートル。なんと、北海道の面積は香川県の面積の約44倍なのです。

都道府県の中で一番せまい香川県と2番目にせまい大阪府（1905平方キロメートル）は、市区町村の中で一番広い高山市よりもせまいのです。

東京ディズニーランドと同じくらいの広さの国があるのね！

世界地図で見ると、日本の面積は小さいね。

バチカン市国

カスピ海

一番小さい国
0.44km²

一番大きい湖
約37万4000km²

ロシア

一番大きい国
約1707万km²

世界でもっとも広い国とせまい国

　世界でもっとも広い国はロシアで、その面積は約1707万平方キロメートルです。これは日本の面積の約45倍もあります。地球上の陸地の約9分の1がロシアの領土となっています。
　反対に、もっともせまい国はバチカン市国で、その面積は0.44平方キロメートルです。日本でもっともせまい市区町村の舟橋村よりも小さく、東京ディズニーランドの面積（0.51平方キロメートル）と同じくらいです。

日本・世界でもっとも広い湖

　日本でもっとも広い湖は滋賀県にある琵琶湖で、その面積は約670.3平方キロメートルです。次に大きな湖は茨城県にある霞ヶ浦で167.6平方キロメートルです。
　世界でもっとも広い湖はカスピ海で、ロシアやイラン、アゼルバイジャンなど5カ国にまたがっています。その広さは約37万4000平方キロメートルあり、日本の面積とほぼ同じです。2番目に広いのはアメリカのスペリオル湖で8万2367平方キロメートルです。

日本の広い施設いろいろ

日本国内にある広い施設を調べてみると、あの小さな国よりも面積が大きいテーマパークがあるよ！

イオンレイクタウン（埼玉県）

ハウステンボス（長崎県） 152万m²

もっとも広いショッピングセンター

　日本で一番広いショッピングセンターは、埼玉県越谷市にあるイオンレイクタウンです。
　敷地面積はなんと約34万平方メートルもあり、東京ドーム7個以上の広さです。
　イオンレイクタウンは、商業施設部分の面積も約24万5000平方メートルあります。第2位のイオンモール幕張新都心の商業施設の面積が12万8000平方メートルなので、ほぼ倍くらいの広さです。

もっとも広いテーマパーク

　もっとも広いテーマパークが長崎県にあるハウステンボスです。その面積は152万平方メートル。これは、世界一小さい国であるバチカン市国の約3.5倍の面積です。次に大きいテーマパークは愛知県にある野外民俗博物館リトルワールドで、123万平方メートルです。
　千葉県浦安市にある東京ディズニーランドは46万5000平方メートルで、日本で7番目に広い面積のテーマパークです。

北海道大学の土地面積は、日本全体の約570分の1の広さなんだって。

写真で見ると、レイクタウンはたしかに広そうだね。

約34万m²

北海道大学（北海道） 6億6000万m²

羽田空港（東京都） 1522万m²

もっとも広い学校

日本でもっとも広い学校は、北海道大学で6億6000万平方メートルです。あまりに広いため、大学の中で迷子になる人もいるとか。

2番目に広い大学は東京大学で3億2000万平方メートルです。東京大学は、東京都内の2カ所のキャンパスのほか、全国に合計50カ所以上の研究施設をもっています。それらを合計すると、全国第2位の面積をほこる学校となるわけです。

もっとも広い空港

広い施設といえば、大きなターミナルビルと長い滑走路をもつ空港でしょう。

日本一広い東京都にある東京国際空港（羽田空港）の面積は、1522万平方メートル、つまり15平方キロメートルもあります。東京ドーム約326個分の広さです。

1931年に開港して以来、滑走路やターミナルビルなどを増やすために埋め立てがくり返されて、現在の広さになりました。

アール、ヘクタール a ha

山や広い農地の面積に使われる「アール」と「ヘクタール」は、平方メートルと深い関係にある単位だ。どうやってできたのか調べてみよう。

アールとヘクタールは、土地の面積を表すときに使うよ。

どうやってできた？ 平方メートルを基準にして考えだされた

アールとヘクタールは、18世紀に定められたメートル法の面積の単位として生まれました。1アールは100平方メートル、1ヘクタールは100アール（1万平方メートル）です。語源は「広場」や「空き地」を意味するラテン語の「area（アーレア）」です。ヘクタールは、ヘクトとアールをつなげた言葉で、ヘクトが100倍を意味します。

このアールとヘクタールは、平方メートルと平方キロメートルの間の面積を表す単位として使われています。

なお、日本においてアールとヘクタールは、「土地の面積をはかるとき」にのみ使うことになっています。

● 名前の由来は「空き地」

▲空き地を数えるときに使われていた言葉が、単位の名前の由来だ。

1 アールってどのくらい？

どんな単位？

●卓球のテーブルで数えると……

24台分

アールとヘクタールは広い場所の面積を表す単位だよね？

よく知っているね！　田んぼや畑の面積を表すときに使われているよ。

ふたつは、どうちがうの？

アールは、一辺が10メートルの正方形の面積。ヘクタールは一辺が100メートルの正方形の面積だよ。

●大相撲の土俵で数えると……

3.4面分

計算がむずかしいわね……。

下のコラムをよく読もう！

アールとヘクタールの なるほど話

アールとヘクタールができたわけ

　平方メートルと平方キロメートルの単位があるのに、わざわざアールとヘクタールをつくったのはなぜでしょう？

　それは、この２種類の単位に100万倍もの差があるからです。田んぼや畑の面積を表すときに、平方メートルでは小さすぎて、平方キロメートルで表すと大きすぎることがあって不便だったため、アールとヘクタールがつくられたのです。

　アールとヘクタール、平方メートルと平方キロメートルの関係は、右の図のようになります。

1㎡＝■　**1a**
10m × 10m

1a＝■　**1ha**
100m × 100m

1ha＝■　**1km²**
1km × 1km

３つの単位の関係を覚えておこう！

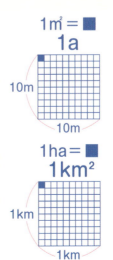
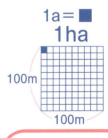

a アール

パート5 面積と体積

エーカー　ac

おもに農地の広さを表す「エーカー」は、ヤード・ポンド法の単位だ。アメリカやイギリスで古くから使われているよ。

外国の広い農場の面積を表すときなどに使われるよ。

どうやってできた？ 「おす牛2頭が1日に耕せる農地の面積」がもとになった

　エーカーはラテン語で「牛のくびき」を意味する言葉に由来しています。くびきとは、畑を耕すために2頭の牛や馬の首のうしろにつけた道具を固定する木です。そこから、「おす牛2頭を使って、1日に耕せるくらいの広さ」を1エーカーとよぶようになりました。

　しかし、土地のかたさなどによって1エーカーの広さが変わってしまうことから混乱しました。そこで1277年、イングランド王のエドワード1世が「ロッド」（1ロッド＝5.5ヤード）という長さの単位を用いて「4ロッド×40ロッドの土地の面積、または、それと同様の広さをもつ面積を1エーカー」と決めました。

● 牛のくびき

▲2頭の牛をまっすぐ進ませるために、首のうしろに横に木を渡して固定していたよ。

ac エーカー

1エーカーってどれくらい？

● バスケットボールのコートで数えると……

10面分

● 平方メートルで表すと……

約63.6m × 約63.6m ＝ 約4047m²

▶ 日本では使われない1エーカーを平方メートルで表すと、左のようになります。1エーカーは、約4000平方メートル、1辺の長さが63メートルの正方形とほぼ同じ面積になります。

どんな単位？

エーカーは、どの国で使われているの？

アメリカやイギリスで使われているよ。1平方メートルは約0.0002471エーカーだから……。

わかりにくい！

計算するのがめんどうだよね。だから日本では、エーカーは使われていないんだ。

メートルを使う国では、使いにくい単位ってことね。

エーカーのびっくりする話

土地のちがいで単位もちがった!?

エーカーが生まれたイギリスでは、農地の境目が1エーカーごとにわかるようになっていました。

ただし、土地の耕しやすさのちがいで1エーカーの面積がちがっていました。

イングランドの1エーカーは4840平方ヤード、スコットランドの1エーカーは6000平方ヤード、アイルランドでは8000平方ヤードと、統一されませんでした。現在の1エーカーの広さが決まったのは、1959年です。

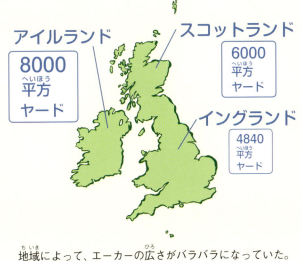
地域によって、エーカーの広さがバラバラになっていた。

パート5 面積と体積

反、町、畝、歩

今から1300年以上も前、面積を表すいくつかの単位が中国から伝わった。メートル法が入ってくるまでは、この単位がよく使われていたよ。

中国にある万里の長城だよ。土地の広い中国ならではの景色だね。

 **8世紀のはじめに、中国から日本に伝わった**

「反」や「町」などの単位は、今から3000年前には中国で使われていたとされています。日本では、尺貫法が定められた701年に、これらの単位が取り入れられました。面積の小さい順にならべると「歩」「畝」「反」「町」となります。もっとも小さな「歩」は、もっとも大きな「町」の3000分の1です。

1歩は、6尺（約1.82メートル）を一辺とする正方形の面積を表します。

どの単位も、農作物がとれる土地の面積を表すものです。単位を使って面積を計算し、税金として農作物をとるときに使われました。

● 1歩の面積

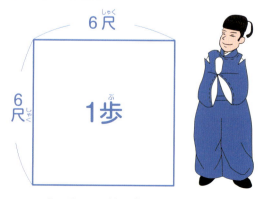

▲1歩の広さは、上の図のように計算していた。

畑　田んぼ

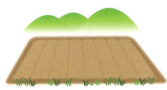

ぜんぜん聞いたことがないけど、漢字だから日本で使われていたってことね？

そうだよ。日本では 1300 年も前に使われはじめた面積の単位だ。

●それぞれの単位の関係

	1歩	1畝	1反	1町
平方メートル	3.3㎡	99㎡	990㎡	9,900㎡
歩	—	30歩	300歩	3,000歩
畝	0.0102畝	—	10畝	100畝
反	0.0011反	0.1反	—	10反
町	0.0002町	0.01町	0.1町	—

だから、読み方がむずかしいんだね。

たしかに、「反」や「畝」は読めないかもね。

畝という漢字は、そもそも学校で習ってないよ。

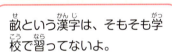

農業技術の進歩で面積が変わった？

「反」は、1人が1年間で消費する米をつくれるくらいの米がとれる田んぼの面積を基準として定められました。

日本で使われはじめたころ、1反の面積はおよそ360歩でしたが、17世紀には1反が300歩と定められました。技術が進んで同じ土地でもそれまでより米がたくさんとれるようになって、1反にかける税を増やすため（1反がせまいと、より多く税がとれる）といわれています。

その結果、1反＝10畝、1町＝10反となり、畝や町との関係がわかりやすく整理されました。

米をつくる技術はどんどんアップしていったんだ。

日本で使われている面積の単位

古くから日本で使われている、土地や建物の面積を表す単位を紹介するよ。今でも使われているものもあるよ。

日本の畝と中国の畝はぜんぜんちがう!?

面積の単位「畝」は、土地の面積を表しますが、日本と中国ではぜんぜんちがいます。まず、その読み方。日本では「せ」と読み、中国では「ムー」と読みます。

また、日本の畝は約99平方メートルですが、中国の畝は約667平方メートルもあり、7倍近い差があります。そもそも日本と中国では国の面積が大きくちがっていたことがひとつの理由です。

さらに、それぞれの国で使いやすいように基準がいろいろ変わった結果として、まったくちがった単位となっていったのです。

▲「畝」は、ふつうは「うね」と読む。畑の作物を育てるために土が盛りあがっている部分のことだ。

部屋の面積を表す「畳」

「畳」はその漢字のとおり、畳をもとにした面積の単位です。部屋の面積を表すときに、畳が使われることがあります。

しかし、地域によって1畳の面積はことなります。関東から東北、北海道で使われる1畳は約1.55平方メートル、北陸地方や東海地方などで使われる1畳は約1.66平方メートル、そして関西より西では、1畳が1.82平方メートルです。

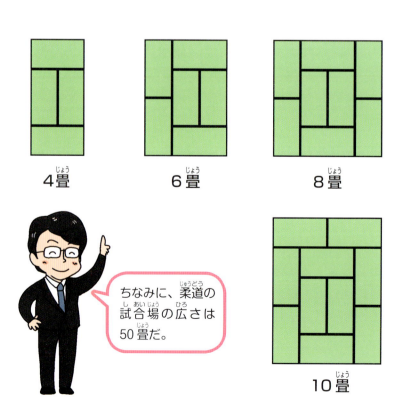

ちなみに、柔道の試合場の広さは50畳だ。

住宅の面積を表す「坪」

「反」や「町」などは、中国から入ってきた単位ですが、「坪」は日本で生まれた単位です。

おもに家の面積を表す単位で、明治時代に尺貫法によって、1坪は約3.3平方メートルと定められました。これは、畳2枚分の面積とほぼ同じです。

今でも、一軒家マンションなどの面積を表す単位として使われることがあります。ただし、取引では、平方メートルを使わなければいけないルールになっています。

そのほかにも、坪の10分の1である「合」、100分の1の「勺」という日本固有の単位があります。

▲住宅の面積を表すときに、100平方メートル（30.3坪）というような表示がされることもある。

私の家の面積は何坪かしら？　ママに聞いてみよう。

日本では、面積を表すときに平方メートルを使うことが多いから、これらの単位を目にする機会が少ないんだ。

もっと知りたい！ 特別な場合に使われる「坪」

土地や建物だけでなく、小さなモノの面積を表すときに「坪」が使われることがあります。

たとえば、高価な織物や金ぱくなどで使われる「寸坪」という単位は、1寸坪あたり約9.18平方センチメートルです。

革製品に使われる「尺坪」は1尺を一辺とした正方形の面積で、約918.09平方センチメートルです。

ほかに、板ガラスに使われる「ガラス坪」という単位もあります。これは尺坪に少し近い面積を表し、約900平方センチメートルです。

金をうすく引きのばした金ぱくは、小さくても高級品だよ。

立方メートル m³

体積を表す単位「立方メートル」は、メートルや平方メートルと同じ時期に生まれた単位だ。世界中で使われているよ。

プールの水の量は立方メートルで表すよ。

 **メートル法の成立とともに、体積の単位として生まれた**

体積とは「たて×横×高さ」で求められる立体の大きさのことです。立方メートルはメートルをもとにつくられた単位で、「m³」と書きます。また、一辺の長さが1センチメートルのサイコロだと、1立方センチメートルになります。

18世紀末にメートル法が成立したとき、立方メートルも生まれました。19世紀の終わりにメートルをもとにする新たな世界基準がつくられ、立方メートルはその基準の中に組みこまれました。

今ではメートルや平方メートルと同じように、ほとんどの国で使われている単位です。

● サイコロと正六面体立体パズル

1cm × 1cm × 1cm = 1cm³

5.7cm × 5.7cm × 5.7cm
= 185.193cm³

▲ cm³（立方センチメートル）は体積を表す単位だ。

こんなところで使われている！

ガスメーター　　水道メーター

▲ガスメーターや水道メーターに表示される数字の単位は、立方メートルが使われていることが多いよ。

● 25メートルプールの水の量は何㎥

左の写真のような学校のプールには、どれくらいの水が入るだろう。

このプールが、たて＝25メートル、横＝12メートル、深さ（水の高さ）＝1メートルとして計算してみよう。

正解は、25メートル×12メートル×1メートルで300立方メートルだ。

どんな単位？

立方メートルって平方メートルに似ているけど、何がちがうの？

記号も似ているね。まず、面積を表すのが、平方メートルだよ。それで……。

立体の体積を表すのが立方メートルってことね。

そのとおり！　ちなみに、体積の計算方法は「たて×横×高さ」だよ。

面積の計算方法は「たて×横」だから、「高さをかける」というちがいがあるね。

立方メートルのなるほど話

一辺の長さが2倍になると、体積は8倍になる

体積は「たて×横×高さ」で計算するので、一辺の長さが2倍になると、2×2×2＝8と体積は8倍になります。

一辺の長さが3倍になると3×3×3＝27となり、体積は27倍です。そして、一辺の長さを100倍するとなんと、100×100×100＝100万になります。

このことから、1立方センチメートルと1立方メートルでは100万倍も体積がちがうことがわかります。

一辺の長さが100倍になると

体積は100万倍になる

100センチメートルは1メートル。つまり、1立方メートルは、1立方センチメートルの100万倍の大きさだ。

リットル　L

おもに液体の体積を表すときに使われる単位が「リットル」だ。日本だけでなく、世界中の国で使われているよ。

1リットルあたりの値段が書かれているよ

どうやってできた？ 立方メートルの誕生と同じタイミングでつくられた

リットルの語源は、フランスの伝統的な単位リトロン（約0.78リットル）です。

フランスでメートル法が成立した18世紀末に、リットルも体積の単位となりました。このときの定義は「1リットルは1立方デシメートル（1デシメートル＝10センチメートル）に等しい」というもの。つまり、一辺が10センチメートルの立方体が1リットルです。

ちなみに、アメリカやイギリスでの発音は、「リーター」です。記号は「L」を使います。また、漢字では「立」で表示されます。

● リットルの発音のちがい

▲アメリカとイギリスでは、発音は似ているけどつづりが少しちがうよ。

L リットル

こんなところで使われている！

飲料

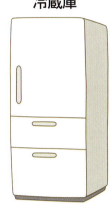
冷蔵庫

「ℓ」から「L」になったリットル

昔の教科書では、リットルを書くときに「ℓ」が使われていました。これは、筆記体の小文字のエルです。しかし、文部科学省から「国際的な取り決めにならうこと」という意見が出て大文字の「L」が使われるようになりました。

世界では小文字の「l」も使われていますが、数字の1と見分けにくいことから、大文字の「L」を使う国が増えています。

どんな単位？

リットルといえば、飲み物の単位だよね？

そうだね。あとは、冷蔵庫にも使われているよ。大きいものだと600リットルというサイズもあるんだ。

冷蔵庫に水をそのまま入れるってこと？

い、いやこぼれちゃうよね……。冷蔵庫の体積を表しているんだ。立方センチメートルだと小さいし、立方メートルだと大きいから、その間の大きさのリットルが使われているんだよ。

そうだったんだ！

リットルのなるほど話

なぜ変わる？　1リットルあたりのガソリンの値段

1リットルいくらで表されるガソリンの値段は、ひんぱんに変わります。その一番の理由は、ガソリンのおろし価格が変わるからです。ガソリンの原材料は、外国から輸入される原油です。この原油を石油コンビナートで加工して、ガソリンがつくられます。

貿易の取引は毎日行われていて、原油の値段も毎日変わります。そのため、ガソリンの値段も、毎日上がったり下がったりをくり返しているのです。

1リットルあたりのガソリンの値段　総務省統計局「小売物価統計調査」

パート5　面積と体積

リットルとその仲間

体積を表す「リットル」の前に接頭辞をつけると、単位が大きく変わるよ。くらしの中でリットルの記号「L」がつく単位を探してみよう！

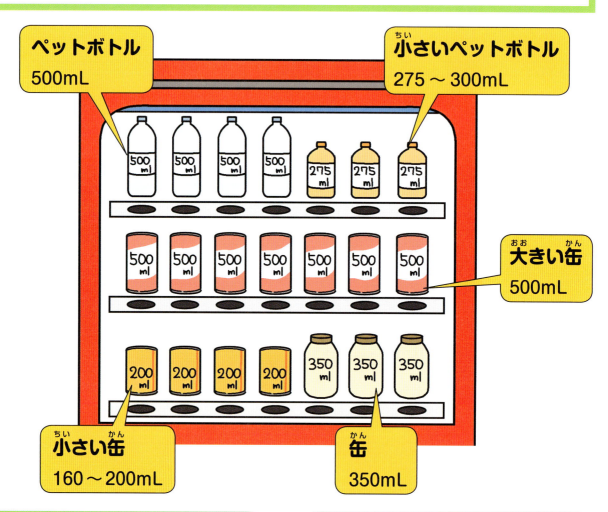

デシリットル（dL）

　1リットルの10分の1が、1デシリットル（1dL）です。この単位は、算数の教科書によく出てきます。たとえば、1リットルの牛乳パックを5人でまったく同じ量で分けたとき、そのコップに入っている牛乳の量は2デシリットルになります。コップに入るくらいの量なので、よく使われるわけです。

　デシは10分の1を表す接頭辞です。あまり見かけませんが、メートルにもデシがつくことがあります。1デシメートルは、1メートルの10分の1、つまり10センチメートルです。

ミリリットル（mL）

　1リットルの1000分の1が、1ミリリットル（1mL）です。スーパーマーケットやコンビニエンスストアでよく見かけます。

　ペットボトルのお茶やジュースは500ミリリットル、缶ジュースは500ミリリットルや350ミリリットルのほか、190ミリリットルなどのサイズがあります。ストローをさして飲む野菜ジュースなどのパックは、200ミリリットルです。

　また、料理で使う計量カップの目盛りはミリリットル単位となっています。

「1シーシーと1立方センチメートルは同じ体積なんだね。」

「「cc」が「00」に見えてしまうことがあるから、最近は「mL」が使われることが多いよ。」

リットル、ミリリットル、デシリットルの関係

1L = 1000mL = 10dL
(=1000cc)

● 計量カップと計量スプーン

◂ 料理をするときに使う計量カップは、10ミリリットルごとに目盛りがついている。計量スプーンには、5ミリリットルや2.5ミリリットルなどの大きさがあるよ。

● 献血

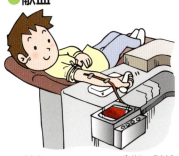

「献血ができるのは、16歳以上の人だよ。」

▴ 病気やけがのために輸血が必要としている患者さんに血液を提供するのが「献血」だよ。1回の献血量は200～400ミリリットルなどだ。

シーシー（cc）

シーシーは、リットルに接頭辞がついた単位ではありません。なぜ仲間なのでしょうか。

じつは、ミリリットルとシーシーは、同じ量を表します。1ミリリットルは、1リットルの1000分の1で、1立方センチメートルと同じです。

一方のシーシーは、英語の「キュービック・センチメートル（cubic centimeter）」を略したものです。キュービックとは、立方体のこと。つまり、「一辺の長さが1センチメートルの立方体」という意味なのです。

人間の血液は何リットル？

人間の体に流れている血液の量は、個人差がありますが、体重（キログラム）の約13分の1（リットル）といわれています。

たとえば、体重が39キログラムの子どもの場合は約3リットル、体重が65キログラムのおとなの場合は、約5リットルとされています。

また、人間は血液の3分の1を失うと、命の危険があるとされています。

ガロン gal

「リットル」を使う日本では、ほとんど見かけることのない単位が「ガロン」だ。外国では、飲み物やガソリンをはかるときに使われるよ。

外国で使われているガロン容器だよ。

 **15世紀末のイギリスで麦の重さをもとにして生まれた**

15世紀末のイングランド王、ヘンリー7世によって定められた単位です。ヘンリー7世は「麦100トロイオンス（当時の重さの単位）を1ガロン」と決めましたが、各地に伝わりきらず、さまざまな体積のガロンができてしまいました。

1824年、この状況を変えるためにイギリス政府が1ガロンを4.54596リットルに統一しました。

ところが、今でもアメリカでは独自のガロンが使われています。イギリスでガロンが統一されたときに、別のガロンがすでに広く使われていたからです。次のページで、アメリカとイギリスのガロンのちがいをまとめました。

●ヘンリー7世

◀王室内部で長く続いた権力争いを勝ちぬいて、イングランド王になったよ。

gal こんなところで使われている！

水　テンガロンハット

🇺🇸 1ガロン ＝ 約3.8リットル（アメリカ）

🇬🇧 1ガロン ＝ 約4.5リットル（イギリス）

●分割して使われるガロン

1ガロンはふだん使うには少し量が多いため、ガロンを分割した単位が使われています。1ガロンを4分の1にした1クォート（946ミリリットル）、さらに1クォートを2分の1にした1パイント（473ミリリットル）という単位があります。「クォート」や「パイント」もアメリカとイギリスで量がちがいます。

どんな単位？

聞いたことがない単位ね。

アメリカではガソリンの単位でガロンが使われているよ。

日本では使われていないの？

うん。テンガロンハットという大きなぼうしを知ってる？10ガロンの水が入るくらいの大きさだから、そうよばれているんだ。

ぼうしで水をはかっていたの？

い、いや、水を入れちゃうとかぶれないよ……。

ガロンのびっくりする話

沖縄県の牛乳はちょっとだけ少ない!?

店で売られている牛乳パックは、ふつう1リットル（1000ミリリットル）ですね。

ところが、沖縄県では946ミリリットルの牛乳パックが売られています。なぜでしょうか？

日本は昔、アメリカと戦争をしました。そのあと約20年間、沖縄県はアメリカに占領されていました。

アメリカでは飲み物の単位にガロンを使うため、そのころの沖縄県でつくられた牛乳パックも1クォートの量になりました。そのなごりが今もそのまま続いているのです。

946ミリリットルは1ガロンの4分の1。沖縄県で製造される牛乳の量は、アメリカ人が使っている単位に合わせて決められたんだ。

バレル　bbl

ガソリンをはじめ、さまざまなモノの原料となる原油。これを外国から輸入するときに使われている体積の単位が「バレル」だよ。

油田で原油をとっているところだね。

どうやってできた？ 原油を運ぶ「樽」という意味のアメリカ生まれの単位

バレルはヤード・ポンド法の体積の単位のひとつで、原油や石油製品の取引で国際的に使われています。バレルのもともとの意味は、英語の「樽」です。19世紀の終わりに、アメリカで原油がほられるようになりました。液体の原油を運ぶために、もともとお酒が入っていた木の樽を使っていたことから、名づけられました。

その樽には50ガロンの原油が入っていましたが、運ぶ途中で漏れたり減ったりして目的地に着いたときに42ガロンまで減ってしまいました。

こうして、原油の1バレルは42ガロン（約159リットル）と定められることになりました。

● 原油を運ぶタンカー

▲遠い国どうしで原油の貿易をするときは、専用のタンカーで運んでいるよ。

こんなところで使われている!

石油コンビナート

◀ 運ばれてきた原油を保管したり、加工して石油製品をつくったりする工業施設だよ。

● 国ごとにちがうバレルの量

136ページのガロンと同じで、バレルも国によって量がちがいます。日本に輸入される原油の量は、アメリカで使われるバレルで計算しています。

 1バレル = 約159リットル（アメリカ）

1バレル = 約164リットル（イギリス）

どんな単位?

 ばれる？ お兄さん、何がばれたの？

 何もしてないよ……。単位の話。外国から日本に原油を輸入するときに使われる単位がバレルだよ。

 原油かあ。日本はどれくらい原油を輸入しているの？

 1年間に12.3億バレルだよ。

 ……どれくらいなのかよくわからないけど、すごそうな量だね。

バレルのびっくりする話

原油以外で使うバレルは量がちがう！

アメリカでは、原油以外の量をはかるときにもバレルが使われています。この「一般用液量バレル」は約119リットルで、原油用の1バレルとはことなります。

ややこしいことにアメリカでは、果実や野菜などに用いる「乾量バレル」という単位があります。これは約116リットルです。ほかにも、小麦粉の量などをはかるときは重さを基準とした別のバレルが使われます。この1バレルは196ポンド（約89キログラム）です。アメリカでは何種類ものバレルが使われているのです。

原油用バレル / 小麦粉用バレル / 果実・野菜用バレル

日本人がアメリカで生活すると、単位を覚えるのに苦労しそうだね。

石、斗、升、合

体積の単位「石」や「斗」は、昔の日本で使われていた単位だよ。とくに石という単位は、今でも使われているよ。

江戸時代の石高ベスト10

	藩の名前	現在の県名	石高
1位	加賀	石川県など	120万石
2位	薩摩	鹿児島県	72.8万石
3位	仙台（陸奥）	宮城県など	62万石
4位	尾張	愛知県	61.95万石
5位	紀伊	和歌山県など	55.5万石
6位	肥後	熊本県	54万石
7位	筑前	福岡県	47.3万石
8位	安芸	広島県	42.6万石
9位	長門	山口県	37万石
10位	肥前	佐賀県など	35.7万石

1863年に江戸幕府が調べたもの

3位 仙台藩
1位 加賀藩
2位 薩摩藩

江戸時代の日本は藩という行政単位に分かれていたんだ。石高は、米のとれ高の単位だよ。

約1300年前に升が使われはじめ、全国に広まった

中国で生まれた単位の「升」が日本で正式に使われはじめたのは、701年に大宝律令という法律ができたとき。税としてとるお米の量をはかるための単位でした。

ただし、1升の大きさは各地でバラバラでした。江戸時代になってようやく1升をはかる枡が、たて・横の長さが約14.8センチメートル、深さが約8.2センチメートルに統一されました。この升を基準に、そのほかの単位が生まれました。

1升は約1.804リットルとされており、1升は10合、10升は1斗、10斗は1石という関係です。石は藩ごとにとれる米の量を表すときに使われました。

● 「升」は両手ですくえる量だった

▲「升」は、もともと両手ですくえる米の量だった。それが、木の枡を使ってはかるようになっていったよ。

140

石 こく

石 こんなところで使われている！

▲米1石は、米俵（60キログラム）の2.5俵分だよ。

▲塗料や農薬、洗剤などを入れる缶。現在は「18リットル缶」とよばれている。

▲米1合は約150グラムだよ。

どんな単位？

漢字ってことは、日本で使われていた古い単位ね！

お！ わかってきたね。でも「合」は、今でもよく使っているよ！ 聞いたことがあるはず！

え、何だろう。1合、2合って数えるものは……。

わかった！ お米だ。

正解！ 石や斗や升も、お米にまつわる単位なんだ。

石のびっくりする話

石川県は「加賀百万石」とよばれていた!?

加賀百万石という言葉があります。これは、江戸時代に現在の石川県などを治めていた加賀藩をさす言葉でした。

江戸時代には、1石が「大人が1年間に食べる米の量」といわれていました。

つまり、加賀百万石という言葉には「加賀藩は100万人を養っていけるほどの力をもった藩である」という意味があったのです。

加賀藩の殿様が住んでいた金沢城。現在は復元されているが、江戸時代の城もりっぱだった。

パート5 面積と体積

141

くらべてみよう！面積や体積の単位

さまざまな面積や体積の単位をくらべてみよう。

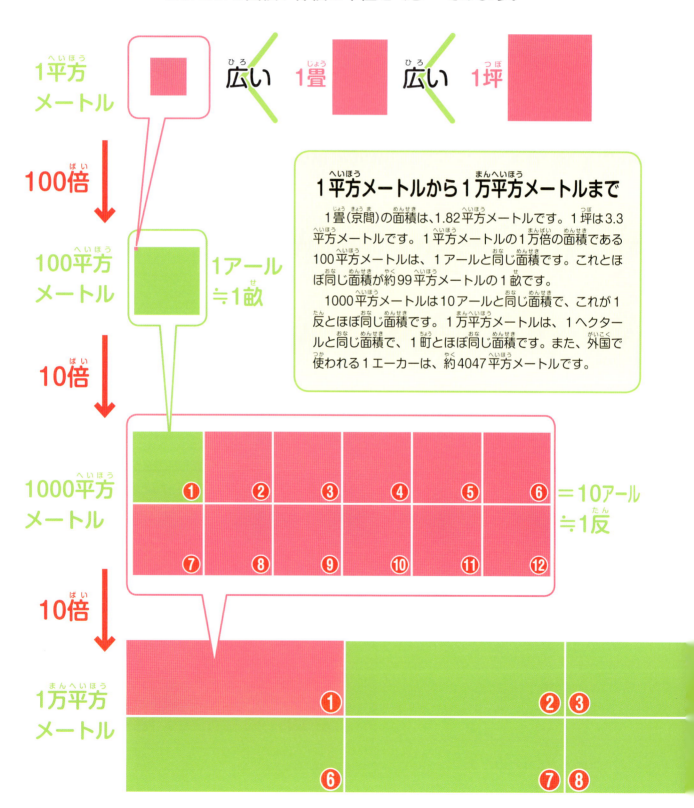

1平方メートルから1万平方メートルまで

1畳（京間）の面積は、1.82平方メートルです。1坪は3.3平方メートルです。1平方メートルの1万倍の面積である100平方メートルは、1アールと同じ面積です。これとほぼ同じ面積が約99平方メートルの1畝です。
1000平方メートルは10アールと同じ面積で、これが1反とほぼ同じ面積です。1万平方メートルは、1ヘクタールと同じ面積で、1町とほぼ同じ面積です。また、外国で使われる1エーカーは、約4047平方メートルです。

下の図を見ながら、それぞれの単位の大きさをイメージしてみよう。

1立方センチメートルから1ガロンまで

1立方センチメートルと1ミリリットルは同じ体積です。1ミリリットルの100倍、つまり100ミリリットルは、1デシリットルと同じ体積です。1デシリットルよりやや大きい1合は、約1.8デシリットルです。

1000ミリリットルは1リットルと同じ体積です。1リットルより大きい1升は約1.8リットルです。さらに大きな1ガロンは約3.8リットル（アメリカ）です。

1升と1ガロンは1ガロンのほうが体積が大きいんだね。

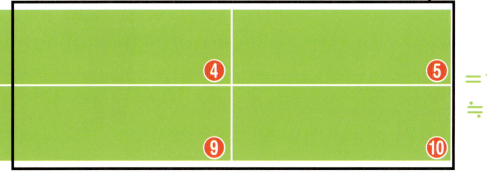

世界のふしぎな単位 ❸ 面積

日本以外で使われる面積の単位

メートルができたことでつくられた平方メートルのように、面積の単位は長さの単位をもとにしてつくられています。また、日本で使われていない長さの単位をもとに、面積の単位がつくられることもあります。

さらに、アメリカやイギリス以外の地域で使われる面積の単位も、ここで紹介します。

> 面積の単位のもとになるのは、「一辺の長さ」。だから、長さの単位ごとに面積の単位がつくられるんだ。

1マイル 1.609キロメートル
1マイル
1平方マイル 2.59平方キロメートル

平方マイル　mi²

パート3の長さの単位でも説明したマイルを使って表す広さの単位「平方マイル」。ヤード・ポンド法が使われているアメリカの広さの単位です。一辺の長さが1マイルの正方形の面積を表します。

1平方マイルを平方キロメートルで表すと、約2.59平方キロメートルになります。

ドゥヌム

中東で現在も使われている農地面積の単位に「ドゥヌム」があります。かつて中東一帯を支配したオスマン帝国が定めたとされています。

国や地域によって1ドゥヌムの広さがちがっていて、イラクやトルコでは1ドゥヌムが2500平方メートル、パレスチナでは1ドゥヌムが900平方メートルとなっています。

> オスマン帝国は約100年前にほろびたんだ。

時間と速さの単位

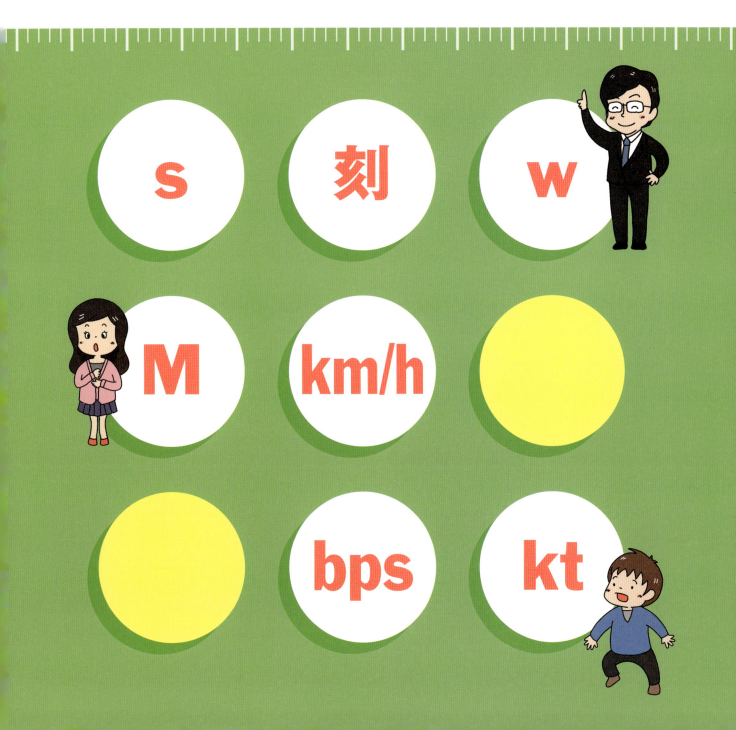

秒

S

時間の単位「秒」は、今から1000年くらい前に誕生したよ。昔の人々は、秒というわずかな時間をどうやってつくったのだろう。

これは、秒単位で時間をはかるストップウォッチだね。

どうやってできた？ 太陽が同じ場所にもどるまでの時間を区切ることからはじまった

古代バビロニアや古代の中国では、1日を12に区切って生活していました。また、古代エジプトでは太陽が真南の空に位置する「南中」から次の「南中」までを1日とし、昼と夜をそれぞれ12に分けて、1日を24区切りと決めていました。

しかし、このやり方では日々の区切り方が一定ではありませんでした。そこで1年間の平均をとり、1日を24に分けたうちの1区切りを1時間、さらに1時間を60に分けたうちの1区切りを1分としました。そして、1分を60に分けたうちの1区切りが1秒となったのです。

● 日時計

▲現在も使われている日時計。太陽の動きに合わせてかげが動くんだ。

こんなところで使われている！

時計

陸上競技

GPS

◀ GPSは、宇宙に向かって打ち上げた人工衛星から、電波を使って現在の位置を知るためのシステムだよ。

どんな単位？

 1秒の長さは、どうやって決めているの？

 地球が1回転する時間の8万6400分の1が1秒だ。今はより正確な方法ではかって決めているよ。

 ずれることはないの？

 性能のいい時計がつくられているから、たぶんずれないだろうね。

きっちり決まってるんだね。

秒のびっくりする話

正確すぎる時計によって生まれた「うるう秒」

地球の自転の速度は一定ではなく、少しずつ変化します。この変化は、おもに月の引力で海面の高さが上下することが原因です。

1967年に定められた秒は、セシウムという金属元素から出る光の振動を利用した正確なものです。そのため、地球の自転と少しだけ時間がずれます。

そこで数年に一度、世界中の時刻に「うるう秒」とよばれる1秒を加えて、時刻を調整しているのです。うるう秒が実施されるのは1月1日か7月1日で、午前9時の直前とされています。

8:59:58　8:59:59　8:59:60
　　　　　　　　　うるう秒

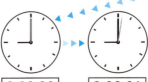
9:00:00　9:00:01

59秒のあとに1秒が加えられて、60秒となる。その次が0秒となるよ。

パート6　時間と速さ

時間を表すさまざまな単位

「分」や「時間」、そして「日」の単位について紹介するよ。時間にまつわる世界記録や、宇宙についても調べてみよう。

●陸上競技のおもな世界記録（2018年2月現在）

	男子	女子
100メートル走	9秒58 （ウサイン・ボルト　ジャマイカ）	10秒49 （フローレンス・ジョイナー　アメリカ）
1500メートル走	3分26秒00 （ヒシャム・エルゲルージ　モロッコ）	3分50秒07 （ゲンゼベ・ディババ　エチオピア）
1万メートル走	26分17秒53 （ケネニサ・ベケレ　エチオピア）	29分17秒45 （アルマズ・アヤナ　エチオピア）
フルマラソン	2時間2分57秒 （デニス・キプルト・キメット　ケニア）	2時間15分25秒 （ポーラ・ラドクリフ　イギリス）

●ジャンヌ・カルマン

▲世界でもっとも長生きしたフランス人女性で122歳まで生きた。日で計算すると4万4724日となるんだ。

分（min）

1秒の60倍の長さが1分です。英語のminute（ミニット）から、記号では「min」と表します。

1分ではかるものといえば心拍数（心臓がドクンと動く回数）です。小学生の心拍数は、1分間に70～110回とされています。70メートルの距離を子どもが歩くのに、およそ1分かかります。

また、1日を分で表すと1440分、1年（365日）は52万5600分となります。

時間（h）

1分の60倍の長さが1時間です。英語のhour（アワー）から、記号では「h」と表します。

42.195キロメートルを走る男子フルマラソンの世界記録は、約2時間です。4キロメートルの距離を子どもが歩くのにおよそ1時間かかります。1年（365日）を時間で表すと8760時間です。

時間と似た言葉で「時刻」があります。時刻は「10時30分」など、ある時点を表し、時間はその時刻と時刻の間の長さを表します。

1日は8万6400秒か。そういわれると、長いね。

地球の自転の周期は1日の長さ、公転の周期は1年の長さとほぼ同じだよ。

①水星	②金星	③地球	④火星
自転周期：58.65日	自転周期：243.0日	自転周期：約1日	自転周期：1.026日
公転周期：87.97日	公転周期：224.7日	公転周期：365.26日	公転周期：686.98日

⑤木星	⑥土星	⑦天王星	⑧海王星
自転周期：9.8時間	自転周期：10.2時間	自転周期：17.2時間	自転周期：16.1時間
公転周期：11.86年	公転周期：29.46年	公転周期：84.02年	公転周期：164.8年

日（d）

1時間の24倍の長さが1日です。英語のday（デイ）から、記号では「d」と表します。
もともと地球の自転の1周分を1日としていましたが、少しずつずれていくので、秒を基準に日を表すことにしました。1日を秒で表すと8万6400秒になります。
生まれてから1000日目（うるう年が1日ある場合）は2歳と8カ月26日、1万日目（うるう年が7日ある場合）は27歳と4カ月17日前後です。

そのほかの秒

ほかの単位と同じように、秒にも「キロ」や「ミリ」の接頭辞をつけて表現することができます。
1秒の1000倍を1キロ秒、1秒の1000分の1を1ミリ秒と表します。
1時間は3600秒なので、キロ秒では3.6キロ秒ともいえます。
蚊が1回はばたくのにかかる時間は1.7ミリ秒。1ミリ秒とは、ほんの一瞬の長さです。

週、月   w   mon

続いては、カレンダーに出てくる時間の単位、「週」や「月」について調べてみよう。いつからできたのかな？

毎週発売される週刊誌だよ。

どうやってできた？ 月の満ち欠けの周期をもとにつくられた「週」と「月」

紀元前2000年代、古代バビロニアでは、月の形がほぼ7日ごとに「新月→半月→満月→半月→新月」と形を変えることから「7」を1区切りで考えられていたといいます。その7日をひとつの単位として「週」ができました。

また、「月」も月の満ち欠けをもとに生まれました。新月から新月までに29.5日で、この期間を1カ月とすることになりました。この月の動きをもとにして、暦がつくられました（くわしくは152ページ）。

●月の満ち欠け

◀新月（まっくらで月が見えない状態）から、半月、満月へと変化し、戻るときはその逆の順になる。これが約30日の周期でくり返されているんだ。

150

こんなところで使われている!

カレンダー

時間割

スケジュール帳

どんな単位?

ああ、まだ水曜日かぁ。はやく金曜日にならないかな〜。

どうしたの？

金曜日の夜から、旅行に行くんだ。

そう思っていると、時間がたつのがおそく感じるよね。

どうして1週間は7日なの？

月の満ち欠けが関係しているという説があるよ。

月の へぇ〜 な話

31日がない月は、「西向く侍」!?

　1カ月の日数は、2月をのぞいて30日か31日と決まっています。30日までしかない月と2月のことを、「小の月」といいます。また、31日まである月を、「大の月」といいます。

　小の月と大の月がそれぞれ何月かを覚えるためのゴロあわせで、「にしむくさむらい」という言葉があります。

　小の月は、に（2月）、し（4月）、む（6月）、く（9月）、さむらい（11月）です。11月は漢字で書くと「十一」。これをつなげると「士」と見ることもできます。「士」の字には侍の意味があるため、このようにいいます。

夕日がしずむ西の方角を向く侍をイメージしよう。

パート6 時間と速さ

時間のあれこれ

「日」や「週」、「月」よりも長い時間を表す「年」も単位のひとつ。それぞれのおもしろい話を紹介するよ。

太陽の動きで決まる「太陽暦」

1年の間には、春・夏・秋・冬の季節があります。季節によって昼の長さや気温が変わるのは、地球が太陽のまわりを回っているからです。年の単位は、太陽を基準につくられました。

もともと、太陽の動きをもとに暦をつくったのは、古代エジプト人でした。今から約4800年前には、1カ月が30日、その12倍に5日を加えて1年とする考え方がすでにあったのです。

その後、1年は約365.2422日と決まり、これが世界中にひろまったのです。

この暦のしくみを「太陽暦」といいます。

▲地球が太陽のまわりをぐるっと1周する時間を1年としたよ。

月の動きで決まる「太陰暦」

月が地球のまわりを1周する29.5日を1カ月とし、それが12回めぐって1年となる暦のしくみを「太陰暦」といいます。計算すると、1年は354日となります。

この太陰暦を使っていると、太陽のまわりを回る地球の動きとずれができるため、年によっては同じ月でも季節にずれが生じてしまいます。この問題を解決するため、約3年に1回、「うるう月」がもうけられました。つまり、1年が13カ月という年があったのです。

この暦のしくみを「太陰太陽暦」といいます。日本は昔、この暦を使っていました。

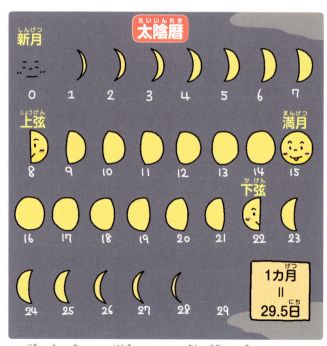

▲月が満ち欠けする周期をもとに1年の長さを決めていたよ。

152

うるう年は4年に1度!?

4年に1度、西暦が4の倍数になる年はうるう年とよばれ、1年が366日となります。また、うるう年は夏のオリンピックが行われる年でもあります。

ただし、西暦2000年、2400年といった400の倍数をのぞく西暦2100年、2200年、2300年といった100の倍数の年は、うるう年にはなりません。

4年に1回、1日増やしていくと、わずかに増やしすぎてしまうため、このように100年に1回だけうるう年でない年をつくって調整しているのです。

2000年　うるう年　→　2/29

2100年　うるう年でない
2200年　うるう年でない　400で割り切れない
2300年　うるう年でない

2400年　うるう年　→　2/29

▲ 2100年、2200年、2300年は400で割り切れないから、うるう年にはならないよ。

太陽や月と地球の位置関係などをもとに、暦がつくられたんだ。

うるう年は4年に1回、だと思っていたけど、「かならず」というわけじゃないんだね。

もっと知りたい！ 旧暦ってなんだ!?

古代から江戸時代の中ごろまで、日本では中国から伝わった太陰太陽暦を使っていました。その後、日本人は自分たちで暦をつくりました。

そして明治時代になると、西洋の太陽暦が取りいれられることになり、現在も使われている西暦を使うようになったのです。以後、それまで使われていた太陰太陽暦は「旧暦」とよばれました。

日本の伝統行事は、旧暦を使っていたころから行われているものがあるため、現在も「旧暦（では）何月何日」と、説明がついているカレンダーもあります。

日	月	火
旧7月23日　2	旧7月24日　3	旧7月25日　4
旧7月30日　9	旧8月1日　10	旧8月2日　11
旧8月7日　16	旧8月8日　17	旧8月9日　18

9月

旧暦の日付と、満月や新月などの満ち欠けのようすがえがかれているカレンダーもあるよ。

パート6　時間と速さ

キロメートル毎時 km/h

速度の単位「キロメートル毎時」は、身のまわりでよく使われている単位だ。「時速」というよび方で知られているよ。

F1という自動車競技だよ。最高で約370キロメートル毎時のスピードで走るんだ。

どうやってできた？ メートルを基準とした単位ができ、公式な単位に

「速度」とは、単位時間あたりに進む距離をいいます。たとえば、1時間で40キロメートル進む場合は40キロメートル毎時といいます。このように、「速度」は「長さ」と「時間」の単位の組み合わせによって表されます。記号の「km/h」で使われる「/」は割り算をするのと同じ意味です。

メートルの単位ができたあと、「1時間に何キロメートル進むことができる速度か」を表すこのキロメートル毎時も速度を表す単位として認められました。

一般的には、「時速」というよび方で使われることが多い単位です。

● 「キロメートル」「毎時」の意味

キロメートル 毎時 ＝ 時速
↓ ↓
km /h
↓ ↓
距離 ÷ 時間

距離を時間で割ると速度がわかるんだ。

km/h
キロメートル毎時

こんなところで使われている！

自動車のスピードメーター

▲自動車にはいくつかのメーターがついている。上の右から2番目にあるのが、スピードメーターだ。

道路標識

ジョギング

▲この標識には、「50キロメートル毎時（時速50キロメートル）以上で走ってはいけない」という意味があるよ。

どんな単位？

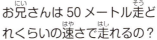

 お兄さんは50メートル走どれくらいの速さで走れるの？

 うーん、最近走ってないけど、7秒くらいかなぁ。

 すごい！ぼくは8秒だよ。

 その速さを、157ページでメートル毎分にする計算をしてみよう！

 うわー、おもしろそう！

答え……375メートル毎分

キロメートル毎時のなるほど話

速度と時間がわかれば、距離もわかる

「速度」と「時間」と「長さ（距離）」には、「距離＝時間×速度」の関係があります。

速度に時間をかけると長さになります。たとえば、40キロメートル毎時で走る自動車で、2時間走ったときの距離は、40×2で80キロメートルになります。

また、長さを速度で割ると時間に、長さを時間で割ると速度になります。120キロメートルの距離を自動車で走るとき、40キロメートル毎時の速度なら、120÷40で3時間、60キロメートル毎時の速度なら、120÷60

で2時間かかります。この関係を表すと、下の図のようになります。

距離 ＝ 時間 × 速度
時間 ＝ 距離 ÷ 速度
速度 ＝ 距離 ÷ 時間

パート6 時間と速さ

速度のいろいろ

速度を表す単位は、たくさんあるよ。人間の歩く速さや、自動車よりも速い乗り物は、どのように表すのだろう？

自転車 180 m/min
徒歩 60 m/min

新幹線 83 m/s

チーター 30 m/s

メートル毎分（m/min）

　その名前のとおり、「メートル毎分」は1分あたりに何メートル進んだかを表す単位です。子どもの歩く速さは約60メートル毎分、子どもが乗る自転車は約180メートル毎分です。

　マンションなどが売りだされるときに、「駅まで徒歩10分」などと表示されます。この場合の徒歩の速さは、80メートル毎分で計算されています。つまり、駅まで徒歩10分なら、駅までの距離は800メートルです。

メートル毎秒（m/s）

　新幹線は最速で約300キロメートル毎時で走ることができます。これを「メートル毎秒」で表すと、83メートル毎秒となります。「1時間に300キロメートル走る」よりも、「1秒間に83メートル走る」というほうが速さをイメージしやすくなりますね。

　走るのがもっとも速い動物であるチーターは、約110キロメートル毎時で走ります。これも、約30メートル毎秒となります。

ゾウガメの進む速さ……。速さじゃなくて「おそさ」じゃないの？

どんなにおそくても、スピードを表すんだから「速さ」だよ。

ゾウガメ　76 cm/s

タツノオトシゴ　0.4 mm/s

センチメートル毎秒（cm/s）

「メートル毎秒」で表しにくい、ゆっくりした速度にはセンチメートル毎秒を使います。たとえば、ゾウガメの歩く速さは約 76 センチメートル毎秒です。なお、ギネスブックに記載されているもっとも速いリクガメは、約 28 センチメートル毎秒です。

さらにゆっくりな速度を表すのが「ミリメートル毎秒」です。海の中を進むタツノオトシゴの速さは、約 0.4 ミリメートル毎秒です。

●「メートル毎分」に直してみよう

50 メートル走の記録を、メートル毎分で表してみよう。知りたいのは「速度」だから、「長さ（距離）」を「時間（この場合は分）」で割ればいい。

ただし、時間が「秒」だから、「分」に直さないといけないね。この場合は、分数を使おう。

たとえば、50 メートルを 8 秒で走る人の速度は、次のように計算するよ。

$$50 \div \frac{8}{60} = \frac{50}{1} \times \frac{60}{8} = 375$$

つまり、375 メートル毎分ということになるね。

日本一速い球を投げる大谷選手

プロ野球の大谷翔平選手は、2016 年 10 月の試合で、165 キロメートル毎時、つまり時速 165 キロメートルの球を投げました。これが日本記録になりました。

大谷選手は、このほかの試合でも、「日本人ではなかなか出せない」といわれた時速 160 キロメートル台の球をビュンビュン投げています。

ノット kt

速度の単位「ノット」は、見かけることは少ないかもしれないね。船や飛行機のスピードを表すときに使われている単位だよ。

ゆっくり進んでいるように見えるね。何ノットだろう？

船の速度をはかるために使われるロープの結び目から名づけられた

英語でノットは「結び目」という意味。これは昔、結び目を使って船の速度をはかっていたことに由来しています。はかり方は次のとおりです。

一定の間隔で結び目をつけたロープを、船尾につけます。船が進んだときに結び目がいくつ海に流れたかで速度がわかりました。

現在の1ノットは、1時間で1海里（1852メートル）を進む速度とされ、1ノットは1852メートル毎時です。

●昔の船の速さのはかり方

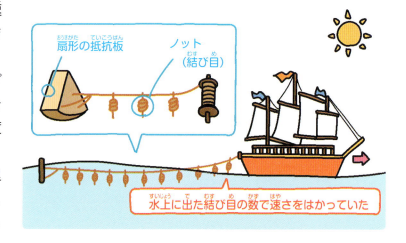

扇形の抵抗板　ノット（結び目）

水上に出た結び目の数で速さをはかっていた

158

kt こんなところで使われている！

航空

◀地図で飛行機の動きを見ると、海の上も自由に飛んで船と同じように見えることから、ノットが使われるようになったんだ。

航空機のスピードメーター

▲航空機には、KNOT（ノット）で表すスピードメーターがついている。100ノットは、約185キロメートル毎時だよ。

風速

どんな単位？

英語でノットは「〜ではない」という意味で使うんじゃないかしら？

ま、まあそうだね。でも、そのノットと単位のノットは別のものだよ。船に乗ったことがあれば、もしかすると聞いたことがあるかもしれないね。あとは天気図だよ。

なんだ〜、ちがうのね。テレビの天気予報でノットっていってる？

新聞にかかれているかも。円の上に羽根のような線がついた記号を探してごらん。この線は、風の速さをノットで表しているんだよ。

ノットのなるほど話

風の速さを表すノットの記号

ノットは航海、航空以外で気象観測にも使われています。気象の図に、円と羽根のようなものでできた記号がかかれています。

これは風速を表した記号で、羽根のところの長い線が1本増えると10ノットの風速を表します。短い線は5ノットの風速を表します。

台風がやってくると、この記号がたくさん見られるかもしれないね。

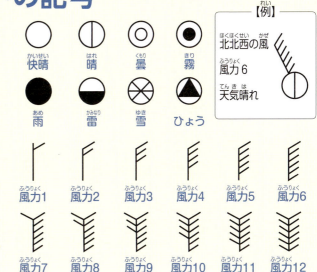

パート6　時間と速さ

マッハ

M

音が伝わるくらいの速さで動くモノの速度を表すときに使うのが「マッハ」だ。そんなに速いモノって、何だろう？

マッハ3のスピードで空を飛んだSR-71というジェット機だよ。

 **音の速さをはかるためにその速さと比較することで計算される**

音が進む速さ（音速）よりもどれだけ速いかを示した単位、これがマッハです。音速と同じ速さであればマッハ1、2倍の速さであればマッハ2、となります。

正確にいうと、マッハはマッハ数という数値で、「単位」ではありません。モノが動く速さと音が進む速さとの比率といえます。

そして、マッハの由来は人の名前です。音速を超える速度（超音速）に関する研究をしていたオーストリアの物理学者エルンスト・マッハにちなんで名づけられました。

●マッハ

◀オーストリアの物理学者で、音速より速いものを研究していたよ。そのため、音速を超える速さをマッハで表すことになったんだ。

160

こんなところで使われている!

世界最速の自動車（スラストSSC）

M 1.016

● 音より速い単位「光速」

「光速」は、光の速度の単位です。空気のない真空中において、光の速度は約30万キロメートル毎秒とされています。この速度は1秒間に地球を7周半もする速さなのです。

16世紀の学者であるガリレオ・ガリレイは、2つの山からランプを使って合図を送り光の速さを計算しようとしましたが、一瞬で光が届くため失敗しました。その後デンマークの天文学者レーマーが、木星の衛星の動きをもとに光の速さをはじめて測定しました。

どんな単位?

マッハは、どこで使われているの？

音が伝わるのって一瞬だよね。

うん、マッハってすごく速い。ぼくたちの声が届く速さがマッハ1なんだ。でも、それより速いジェット機はたくさんあるんだ。そのジェット機の速度をマッハで表しているよ。

じゃあ、一番速い乗り物は？

人が乗った乗り物で一番速いのは、宇宙船のアポロ13号。なんとマッハ33の速さだったんだ。

マッハのびっくりする話

ピンチを乗り越えて地球に戻ってきたアポロ13号

1970年4月11日にアメリカが打ち上げた宇宙船アポロ13号は、月をめざして宇宙空間に飛びだしました。地球の重力をふりきって宇宙に出るためには、かなりの勢いが必要になります。このときにマッハ33を記録しました。

ところが2日後、機内で事故が起こります。電力が足りなくなり、水もつくれなくなったため、船長をふくむ乗組員3人は月への着陸をあきらめ、かろうじて地球へもどってきました。

この計画は失敗しましたが、乗組員が無事にもどってきたことで、感動をよびました。

地球にもどってきたアポロ13号の機体の一部だよ。

ビーピーエス bps

スマートフォンやタブレットを使ってインターネットをする人がよく目にする「ビーピーエス」。これは、データ通信の速度を表す単位だよ。

これはとても性能の高いスーパーコンピューターだね。

どうやってできた？ 情報通信において処理速度を表すためにつくられた

「1秒間に何ビットのデータを送れるか」を表すのが、ビーピーエス（bps：bits persecond）です。つまり、bits/秒のことです。インターネット回線の通信速度を表すときに使われています。

ビットとは、データの単位です（200ページ）。文字や画像、動画はビットが集まったデータです。

近年は技術が発達し、はるかに大きな「メガビーピーエス」（Mbps）や「ギガビーピーエス」（Gbps）という単位が使われます。数値が大きければ大きいほど通信速度が速くなり、インターネットがスムーズに使えて、動画も途中で止まることなく見られます。

● 「ビット」の8倍の「バイト」

データの内容	データのサイズ（目安）
ひらがな1文字	2バイト
文章（左の文）	約500バイト
画像（カラー写真）	数十キロバイト〜数メガバイト
音楽（5分）	数メガバイト
動画（30分）	数百メガバイト〜数ギガバイト

▲1ビットはとても小さい。ひらがな1文字でも16ビットになるため、データの量を表すときは、ビットの8倍にあたるバイトが使われているよ。

bps
ビーピーエス

 こんなところで使われている！

インターネット

● ビーピーエスの上りと下り

▲ 上り Mbps ／自分からメッセージや写真を送る場合の通信速度の目安だよ。
下り Mbps ／インターネット検索、動画を見る、アプリをダウンロードする場合の通信速度の目安だよ。

どんな単位？

ビーピーエスって、どこかで聞いたことがある気がするんだけど……。

インターネットだね。スマートフォンで調べてみる？

……スマートフォンでインターネットを見ようと思ったらなかなか見られない！

ほら、ここで登場するのがビーピーエスだよ。Wi-Fi（ワイファイ）につなげてみれば、スムーズに見られるかも。通信速度が上がるね。

そうか、通信速度を表す単位なんだね。

ビーピーエスのびっくりする話

どんどん高速化する通信速度

携帯電話やスマートフォンでの通信速度は年々上がってきています。1980年ごろの電話では9.6キロビーピーエス程度でしたが、1990年には64キロビーピーエスと、6倍以上の速度になりました。

さらに、2000年には2.4メガビーピーエス（2400キロビーピーエス）となり、2010年に100メガビーピーエス、そして2015年には1ギガビーピーエス（1000メガビーピーエス）になりました。これからも、通信速度は速くなり続けるのでしょう。

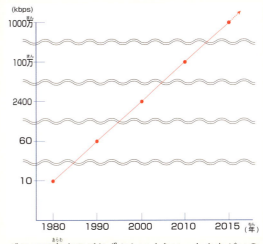

グラフで表すのがむずかしいくらい、ケタちがいのスピードで進化したんだ。

パート6 時間と速さ

刻

時間の単位「刻」は、中国や日本などで昔使われていた単位だよ。今の時計のように数字を使うのではなく、動物の名前が使われていたんだ。

> 朝は辰、つまりリュウで、夕方は酉、つまりニワトリだ。

> 12の動物は、干支に使われているものと同じだね。

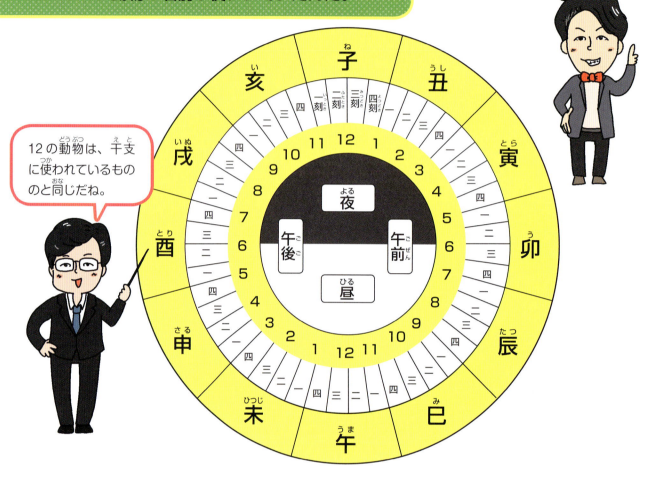

どうやってできた？ 今から2200年ほど前の中国で誕生した

紀元前200年代に中国にあった前漢という王朝で1日100刻制が使われはじめました。1日は8万6400秒なので、1刻は864秒（14分24秒）という長さでした。その後、王朝が変わるたびに120刻制、96刻制、108刻制に変更されることがあり、1刻の長さも変わっていきました。

中国の文化を取りいれていた日本でも100刻制があり、1日を48刻や36刻とした刻も使われていました。

1628年に明という王朝で西洋の時法（時、分、秒など）が取りいれられ、そこで1刻を15分とする96刻制となりました。

●名前の由来は「ろうこく」

▲刻は、「ろうこく」という水を流して時間をはかる装置からとられたといわれているよ。

刻
こく

刻 登場するのはこの動物だ！

子 ネズミ	丑 ウシ	寅 トラ
卯 ウサギ	辰 リュウ	巳 ヘビ
午 ウマ	未 ヒツジ	申 サル
酉 ニワトリ	戌 イヌ	亥 ブタ

（日本ではイノシシ）

どんな単位？

刻ってはじめて聞いたよ。動物で時間を表すって、おもしろいよね。

ちょうど今、午前10時だから「巳」三つどきになるね。

「巳」って何のこと？

ヘビだよ。

こ、こわい！

……ヘビの実物は出てこないから、安心して。

刻のこわ〜い話

何かが起こる!?「草木も眠る丑三つどき」

左のページの表を見ると、午前2時すぎくらいは「丑三つどき」にあたります。

現代のように街灯がなく、深夜に開いている店がなかった江戸時代は、この時間になると町の中はまっくら。みんな寝てしまい、ひっそりと静まりかえった町のようすは「草木も眠る丑三つどき」と表現されました。

また、日本の怪談で、この丑の時間帯に神社に行き、「うらみをもつ相手に見立てたわら人形に、五寸釘を打ちつける」という「丑の刻参り」の呪いの話があります。

白装束を身につけ、頭には鉄の輪っかをかぶってろうそくを立てていたそうだ。不気味だね。

パート6 時間と速さ

165

くらべてみよう！
速さの単位

さまざまな速さの単位をくらべてみよう。

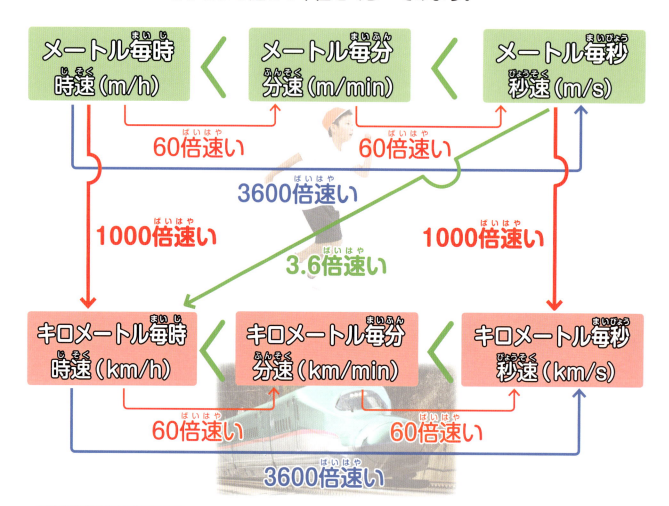

1メートル毎秒は、1メートル毎分、1メートル毎時より速い

　上の図を見ながら、それぞれの速さの関係を覚えましょう。1時間に1メートル進むのが「1メートル毎時（時速1メートル）」、1分間に1メートル進むのが「1メートル毎分（分速1メートル）」、1秒間に1メートル進むのが「1メートル毎秒（秒速1メートル）」です。もっとも速いのは、1メートル毎秒です。「メートル」が「キロメートル」に変わると、速さは1000倍になります。1キロメートル毎時は、1メートル毎時の1000倍速いということになります。

計算方法

メートル毎時をメートル毎分にする	60で割る
メートル毎分をメートル毎秒にする	60で割る
メートル毎時をメートル毎秒にする	3600で割る
メートル毎秒をメートル毎分にする	60倍する
メートル毎分をメートル毎時にする	60倍する
メートル毎秒をメートル毎時にする	3600倍する
メートル毎秒をキロメートル毎時にする	3.6倍する
キロメートル毎時をメートル毎秒にする	3.6で割る

166

メートル毎秒やキロメートル毎時の関係は、下の図で覚えよう！

1秒で約30万キロメートルも進むって……。すごいスピードね。

1ノット
= 1852メートル毎時　= 1.852キロメートル毎時
= 30.9メートル毎分　= 0.0309キロメートル毎分
= 0.51メートル毎秒　= 0.00051キロメートル毎秒

マッハ1　15度の温度の場所
= 122万5000メートル毎時　= 1225キロメートル毎時
= 2万416.7メートル毎分　= 20.417キロメートル毎分
= 340.3メートル毎秒　= 0.34キロメートル毎秒

光の速さ　マッハよりも速い！
= 約1兆800億メートル毎時　= 約10億8000万キロメートル毎時
= 約180億メートル毎分　= 約1800万キロメートル毎分
= 約3億メートル毎秒　= 約30万キロメートル毎秒

世界のふしぎな単位 ❹
速さ

モノが回転する速さを表す単位

パソコンの中にある情報を記録するハードディスクや、自動車や船を動かすのに必要なエンジン、映像や音楽を記録するDVDやCDなどは回転します。

これらの回転するモノの速さを表す単位をいくつか紹介します。

> 走っているときの自動車のエンジンは、1分間に1000～5000回転くらいだよ。

アールピーエム rpm

キロメートル毎時などの、「時間あたりにどれだけ進むか」という速さの単位以外に、モーターやエンジンなどがどれだけ回転するかを表す単位があります。

1分間あたりにどれだけ回転するかを表すのは、「アールピーエム」という単位です。英語では「revolutions per minute」（レボリューションズ　パー　ミニッツ）といい、この言葉の頭文字をとって「rpm」と書きます。

▲自動車のエンジンの回転数を表すときに使うよ。

アールピーエス rps

アールピーエムは1分間あたりの回転数の単位ですが、速く回転するものには1秒間あたりの回転数を表す単位の「アールピーエス」を使います。

たとえば、CDはその中に記録されたデータを一定の速度で読みこむために、約200アールピーエムから約530アールピーエムの速さで回転します。

1分は60秒なので、アールピーエムをアールピーエスに直すときは60で割ります。つまり、CDの回転数は、約3.33アールピーエスから約8.33アールピーエスということになります。

ボールペンの先についている小さな玉の回転数を表すこともできます。標準的なボールペンで1秒間に5センチメートルの線を引いたときは、約23アールピーエスとなります。

明るさ・音・電気の単位

カンデラ cd

ライトや照明器具などに使われる「カンデラ」は、光を発するところの明るさである光度を表す単位だよ。SI基本単位のひとつだ。

夜の東京駅だよ。たくさんの場所から光が出ているね。

 ## 1948年に定められた光のもとの明るさの単位

ラテン語で「ろうそく」を意味するカンデラは、1948年、第9回国際度量衡総会で単位として認められました。

カンデラは「光度」という、明るさもとである光源から出ている光の強さを示した単位です。光が人間の目にどれほど明るく見えるかをはかるもので、1カンデラは、だいたいろうそく1本分の明るさです。

光の強さを表すので、全方向に光を放つ蛍光灯と、特定の方向にだけ光を放つ懐中電灯では、同じカンデラ数でも懐中電灯のほうが明るく見えます。

● もともとは「ろうそくの明るさ」

▲ろうそく1本の明るさが、1カンデラだよ。

cd こんなところで使われている!

電球や蛍光灯　懐中電灯　信号

●LEDと電球・蛍光灯のちがい

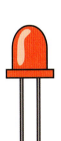

LED（エルイーディー）は、発光ダイオードとよばれる半導体（187ページ）に電気を流すことで光を出します。電球はフィラメントという線に電気を流すことで光を出します。蛍光灯は蛍光管という管に電気を流すことによって光を出します。LEDは、電球や蛍光灯にくらべて長持ちすることから、照明器具に使われることが増えています。

どんな単位?

カンデラ？　3時のおやつ？

それはカステラ！　カンデラだよ。「キャンドル」って聞いたことある？

それ、ろうそくのことだよね。

カンデラとキャンドルは、もともとは同じ意味なんだ。ほら、発音がちょっと似ているでしょ？

それで、明るさの単位になったのね。

カンデラのびっくりする話

緑色の光で表す!?

現在のカンデラの単位の定義が決まったのは、1979年です。大まかにいうと、周波数が540×10¹² ヘルツ（188ページ）の単色の光を用いて表されます。この「540×10¹² ヘルツ（波長555ナノメートル）の単色光」とは、人間がもっとも明るいと感じる黄緑色の光です。

明るい環境においては、この波長555ナノメートルの単色光がもっとも明るく見えます。つまりカンデラは、人間の感覚でもっともとらえやすい、波長という感覚が取りいれられているめずらしい単位なのです。

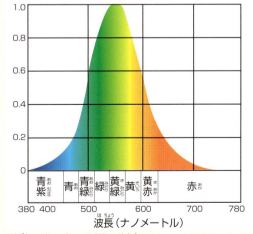

人間の目に見える光の波長は、380～780ナノメートルまで。そのうち555ナノメートルは、人間の目に見える中でも、ちょうど真ん中の黄緑色だ。

ルーメン、ルクス　lm lx

光の束の明るさは「ルーメン」、光に照らされた面の明るさは「ルクス」の単位が使われる。どちらも身近なところで見かけるよ。

カンデラ：光源がもつ明るさ（光の強さ）

ルーメン：特定の範囲に出ている光の量

ルクス：照らされた面の明るさ

カンデラ、ルクス、ルーメンの関係は右のとおりだよ。

どうやってできた？ 光源から出るある方向への光線を束としてとらえた量

ルーメンは光源から放射された「光束」の量を表す単位です。

「光束」とは、蛍光灯などの光を出すものから出る光のうち、ある特定の方向に放たれる光の量のことです。光線の量ということもできます。

1948年に、国際度量衡委員会が「光度」の単位にカンデラを導入した際、ルーメンも定義されました。放出される光の強さ（カンデラ）に対して、特定の範囲に放出される光線の量（ルーメン）という関係です。

ルクスについては次のページで説明します。

●光の量を表すルーメン

▲もとの光の強さ（明るさ）ではなく、光の量を表す単位だよ。

こんなところで使われている！

プロジェクター　街灯

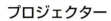

●照度計

▲照度（ルクス）をはかるための機器だよ。

どんな単位？

ラーメンって、明るさの単位なんだ……。

いやいや、ルーメンだよ。光の明るさに使われているね。

どうして、ルーメンという名前なの？

ルーメンは外国語で「昼の光」という意味がある。そこからきているんだよ。

昼の光のような明るさってことだね。

ルクスのへえ～な話

光で照らされた面の明るさの単位「ルクス」

照明器具には、「ルクス」という単位も使われています。ルクスは、ルーメンやカンデラとちがって、光に照らされた面の明るさ（照度）を表す単位です。

1ルーメンの光束が1平方メートルの面に均等に照らされているとき、その面の明るさを1ルクスといいます。

ナイター戦（夜の試合）が行われているプロ野球のスタジアムは、約3キロルクスの明るさとなります。数値が大きくなるほど、照らされる面が明るいということになります。

照明の光に照らされたグラウンドは夜でも明るいね。

173

さまざまな明るさ

天気によって、場所によって明るさは変わるよね。晴れた日やくもりの日、夜の明るさなどを見てみよう。

晴れた日の昼間

10万ルクス

くもりの日

3万ルクス

雨の日

1万ルクス

満月の夜

0.2ルクス

晴れた日の明るさ

晴れた日の明るさは、時間帯によって変わります。午前中から昼すぎくらいまでは10万ルクスくらいです。

日がかたむきはじめる午後3時くらいになると、6万5000ルクスくらいまで下がります。そして夕方、太陽がしずむ直前の明るさは、300ルクスです。

晴れた日の昼間は、日かげに入っても1万ルクスくらいです。また、晴れた日の昼間は、部屋の中で照明をつけていなくても約100～500ルクスあります。

くもりや雨の日、夜の明るさ

うっすらとくもり、太陽の光が少し見えるくらいの日は、午前中で2万5000ルクスくらいです。太陽が南中するお昼ごろに3万～7万ルクスくらいです。

さらに雲が厚く、雨がふると、1万ルクスくらいになります。

太陽がしずんで夜になると、ルクスがぐっと下がります。モノの色や形がなんとなくわかるくらいの満月の夜は、0.2ルクスくらい。まっくらで星の明かりしか見えないような真夜中は、約0.02ルクスです。

晴れた日の昼間の野外は、10万ルクスもあるのね。

地下鉄のホームは、乗降客数や構造によって明るさが決められているよ。

手術室　2万ルクス

地下鉄のホーム　75〜200ルクス

教室　300ルクス

夜のアーケード街　150ルクス

人工光による明るさ

太陽や月などの光を「自然光」といいます。これに対して蛍光灯やLEDライトのような人間がつくった光を「人工光」といいます。

とくに明るい人工光が必要になるのは、病院の手術室です。体の細かい部分が見えないといけない手術台の上は、少なくとも約2万ルクスくらいの明るさになります。

地下鉄のホームでは75〜200ルクス、学校の教室は300ルクス以上と、最低限必要な明るさの基準が定められています。夜のアーケード街は、150〜200ルクスです。

明るすぎるコンビニ

暗い夜に明るさがとくに目立つコンビニエンスストア。店内の明るさは、500〜1000ルクスです。まぶしいと感じたことはないでしょうか。

人工光を使っていなかった大昔、人間は太陽の光が出ている時間帯に活動をしていました。その生活リズムがずっとうけつがれているので、夜おそくに明るすぎる光を浴びるのは、体に悪いという説があります。

等級

星の明るさを表す単位が「等級」だ。その誕生は2000年以上も前とされているよ。大昔の人も星を観察していたんだね。

夜空に見える星の中で太陽、月の次に明るい、おおいぬ座のシリウスだよ。

オリオン座
うさぎ座
シリウス
おおいぬ座
はと座

どうやってできた？ 星の明るさも分類するためにつくられた

　等級は星の明るさを表す単位です。そのはじまりは、紀元前150年ころ、古代ギリシャのヒッパルコスが目で見える星の中で明るい星20個に1等星、目でかろうじて見える星を6等星として星を分類しました。
　19世紀にこの等級について調べていたイギリスの天文学者ジョン・ハーシェルが1等星と6等星の明るさの比が100倍であることを発見します。それを受けて同じくイギリスの天文学者ノーマン・ポグソンは1等星から6等星までの1等級ごとの明るさの比が同じになるように基準をつくり、等級ごとの明るさの比が約2.5倍となるよう定めました。

● ヒッパルコス

▲地球と太陽までの距離を計算によって求め、星の位置を示した星表をつくったよ。

等級

とうきゅう

星の明るさを調べてみよう！

●おもな天体（星）の明るさ

名前	等級	名前	等級
太陽	-26.7	天王星	5.7
月	-12.7	海王星	7.9
金星	-4.7	おおいぬ座シリウス	-1.46
火星	-3.0	りゅうこつ座カノープス	-0.74
木星	-2.9	ケンタウルス座リギル・ケンタウルス	-0.1
土星	-0.4	うしかい座アルクトゥルス	-0.05

●等級ごとの明るさのちがい

どんな単位？

 いちばん明るい星は1等星？

 じつは、もっと明るい星の単位があるよ。0等級やマイナス1等級もあるんだ。

 ゼロやマイナス1等級って言われると、逆に暗い星だと思っちゃう。

 たしかに……。太陽の明るさはマイナス26.7等級だよ。

 そんなに明るいんだ。だから太陽はまぶしいんだね。

等級のへぇ〜な話

見かけの明るさと絶対等級

等級には、「見かけの明るさ」と「絶対等級」の2種類があります。地球からの距離が近いことで明るく見える星や、地球からの距離が遠すぎるために暗く見える星もあります。同じ位置から星を見たとしたときの明るさは絶対等級で表します。

たとえば、1等星の中でもっとも暗いはくちょう座のデネブは、地球からもっとも明るく見える太陽よりも絶対等級が上で、太陽よりも明るいのです。

太陽 −26.7等級 ⇩ 4.8等級

はくちょう座デネブ 1等級 ⇩ −6.9等級

地球から見ると太陽のほうが明るく見えるけど、本当はデネブのほうが明るい。

アンペア　A

流れる電気の量の単位「アンペア」は、理科の実験にも登場するよ。みんなの住んでいる家の中でも、この記号を見つけられるんだ。

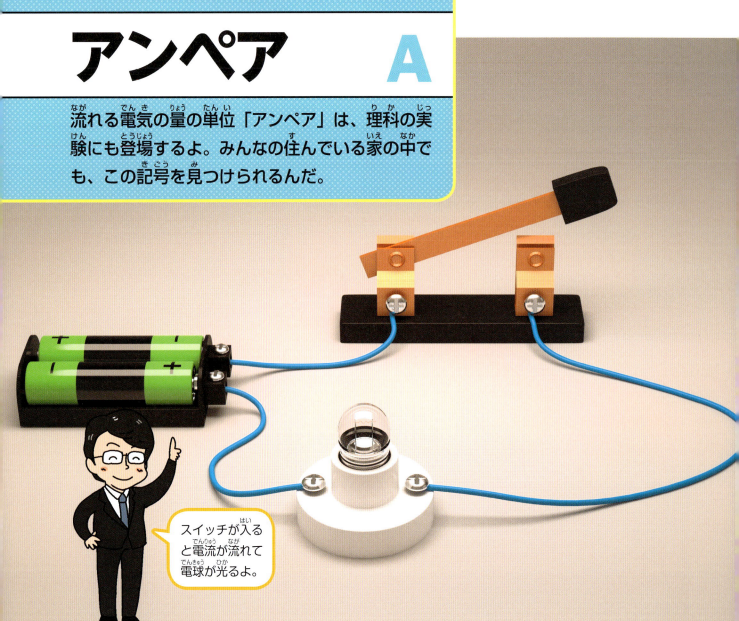

スイッチが入ると電流が流れて電球が光るよ。

どうやってできた？ 1881年の国際電気会議で電流の単位として定められた

アンペアは電気が流れる量、つまり電流の単位です。たとえば、電池と電球が銅線でつながれた回路を流れる電気の量を表します。1881年の第1回国際電気会議で、アンペアは電流の単位として制定されました。

アンペアの名前の由来は、電流に関する法則を発見したフランスの物理学者アンペールです。

家で使うことができる電気の量は、電力会社との契約で決まっています。また、一度に使えるアンペア数はブレーカーに表示されており、日本の一般家庭の平均アンペア数は、30アンペアです。

●ブレーカー

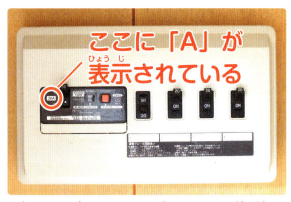

ここに「A」が表示されている

▲住んでいる家のブレーカーを見て、アンペア数を調べてみよう。

A こんなところで使われている！

ドライヤー

約12A

電子レンジ

約15A

炊飯器

約13A

電球

約1A

どんな単位？

電気ケトルと電子レンジを同時に使ったとき、家の電気が消えたことがあったわ。

それは、家で使えるアンペア数を超えてしまったから、ブレーカーが落ちたんだ。

そうなんだ。でもトースターと電子レンジのときは電気が消えなかったけど。

それは、トースターより電気ケトルのほうがアンペア数が小さいからだね。

そうなんだ。今度から気をつけよう。

アンペアのびっくりする話

大きなアンペア、小さなアンペア

ほかの単位と同じように、アンペアにも接頭辞がつくと1000倍になったり、1000分の1になったりします。

たとえば、電車がスピードアップするときには、1000キロアンペアが流れます。大きなものを動かすときには、家庭で使うアンペア数の何倍もの電気を流す必要があります。

反対に、1アンペアの1000分の1を表すのがミリアンペアです。静電気の電気の量を表すときに使われます。ドアノブを持ってビリッとなったときは、0.4ミリアンペア以上の電流が流れます。

ちなみに、静電気が起こりやすい人は、ドアノブを持つ前に壁や地面をさわったり、ハンカチを持ったままドアノブをつかむと、静電気予防に効果があるといわれています。

乾燥しやすい冬はバチッとなりやすいね。

ボルト V

電気をおし出す力の単位「ボルト」は、「アンペア」とセットで使われることが多い単位だ。電化製品をよく見ると、ボルトが出てくるよ。

電気自動車で充電をしているところだよ。充電とボルトが関係があるんだ。

どうやってできた？ 1881年の国際電気会議で電圧の単位として定められた

ボルトもアンペアと同様に、1881年の第1回国際電気会議で電圧の単位として制定されました。

電圧は、いいかえると「電流をおし出す力の強さ」です。携帯電話やスマートフォンの充電器などにも、このボルトの数値が明記されています。

単位の名前の由来となったのは、世界ではじめて電池をつくったアレッサンドロ・ボルタです。ボルタは希硫酸をしみこませた厚紙を、銅と亜鉛の金属板にはさんだものを積み重ねて導線でつなぎ、電池をつくりました。この電池を発明した6年後に銅と亜鉛、そして硫酸を使ってボルタ電池をつくりました。

● ボルタ

◀イタリアの物理学者で、電池を発明した人物としても知られているよ。

 こんなところで使われている！

バッテリー　コンセント

ボタン電池

●マンガン乾電池のしくみ

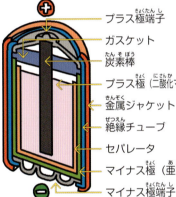

- プラス極端子
- ガスケット
- 炭素棒
- プラス極（二酸化マンガン）
- 金属ジャケット
- 絶縁チューブ
- セパレータ
- マイナス極（亜鉛）
- マイナス極端子

◀ 電池のマイナス極とプラス極をつなぐと、電池の中にある「亜鉛」が化学反応を起こし、電子が電解液にとけだす。その電子が、マイナス極からプラス極に向かって動く。これが続く間は電気が流れ続けるんだ。

 どんな単位？

家にあるコンセントから電気が流れるんだよね。

日本のコンセントの電圧は、100ボルトになっているよ。

えっ、「日本の」ってことは、外国だとちがうの？

中国やロシアは220ボルト、イギリスは240ボルト、アメリカは110ボルトか120ボルトと、いろいろだよ。コンセントにさすプラグの形も、ちがうんだ！

日本のプラグが使えないと、不便だね。

ボルトの びっくり する話

国ごとに電圧はぜんぜんちがう！

- ロシア 220V
- イギリス 240V
- フランス 220V
- 韓国 110、220V
- 中国 220V
- 日本 100V
- アメリカ 110、120V
- サウジアラビア 220V
- インド 220V
- メキシコ 110、127V
- 南アフリカ 220、230、250V
- オーストラリア 220～240V
- ブラジル 110、127、220V
- アルゼンチン 220V

電圧が高ければ高いほど、多くの電流を流すことができます。日本の家庭用の電圧は100ボルトに設定されていますが、世界ではまったくちがう電圧が設定されています。

パート7 明るさ・音・電気

V ボルト

181

電気が家に届くまで

電気をつくっているのは発電所だ。この発電所でつくられた電気が、家に届くまでの道のりを調べてみよう。

● 電気が届くしくみ

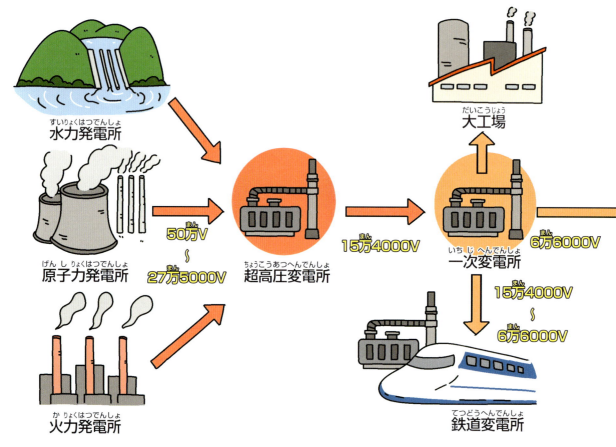

①できたての電気は何十万ボルト

日本の発電所には、火力発電所や原子力発電所、水力発電所などがあります。これらでつくられた電気は、27万5000～50万ボルトと非常に高い電圧で、変電所に送られます。

まず、超高圧変電所に集められた電気は、約15万ボルトに下げられて一次変電所に送られます。ここから、鉄道用の変電所や大きな工場などに送られます。そのほかの目的で使われる電気は、6万6000ボルトに下げられて二次（中間）変電所に送られます。

②配電用変電所で6600ボルトに

中間変電所に送られた電気は約2万ボルトに下げられます。ここからも電気が大きな工場に送られます。

さらに、配電用変電所に送られ、ここで6600ボルトに下げられます。そして中規模の工場やビルに送られます。

● **火力発電にたよる日本の発電**

2011年の東日本大震災で原子力発電所の事故があったことから、日本ではほとんどの原子力発電所が停止しています。そのため現在は、火力発電で電力をまかなっていますが、原子力発電が再開されると、その割合が増えていくと見られています。

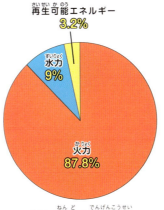
2014年度の電源構成

再生可能エネルギー

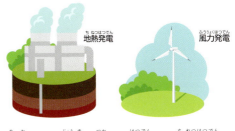

▲地下にある蒸気を使って発電する地熱発電や風でプロペラを回し、その力で発電する風力発電は、再生可能エネルギーとよばれるよ。

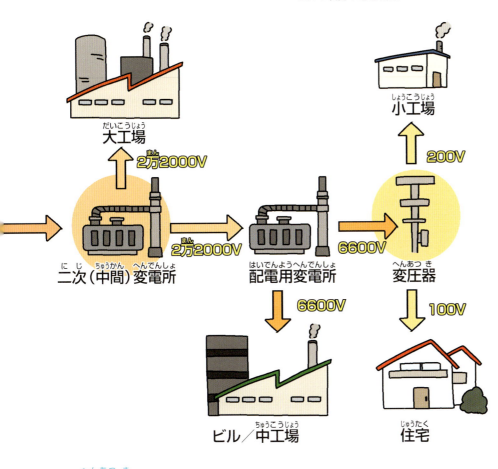

● **雷は何ボルト？**

▲自然現象の雷の電圧は、1億～10億ボルトといわれています。地上に落ちたときにも、数百万～数億ボルトもあり、人間にとっては非常に危険です。

③変圧器で100～200ボルトに

家や学校、小さな工場向けに送られる電気は、配電用変電所から電柱にとりつけられた変圧器に送られます。そして、100～200ボルトに下げられた電気が、身近な場所へ届きます。

ちなみに、電気の伝わる速さは光と同じくらいとされています。発電所でつくられた電気は、さまざまな変電所や変圧器を一瞬で通りぬけて家まで届きます。しかもこの流れは、毎日、24時間ずっとくり返されているのです。

太陽光で発電するソーラーパネル

屋根などにとりつけて、太陽の光を電気に変えるパネルを、ソーラーパネルといいます。

厚い雲におおわれた日などには発電できません。それでも、発電所のような施設や燃料を必要としないことから、注目されています。

ワット W

電力の単位「ワット」は、電流と電圧の関係によって表される。電化製品ごとにワット数はバラバラで、電気料金にも影響するよ。

トースター、ケトル、電子レンジでワットが使われているね。

どうやってできた？ 蒸気機関の生みの親にちなんで名づけられた単位

イギリスの発明家ジェームズ・ワットにちなんで名づけられたワットは、1889年に英国学術協会によって単位として採用されました。

ワットは単位時間あたりの仕事量（仕事率）、もしくはエネルギー量を表します。たとえば、電化製品のワットは電力（ワット）＝電圧（ボルト）×電流（アンペア）で計算します。

動かすために15アンペア必要な電子レンジを100ボルトのコンセントにつないだ場合、消費する電力は1500ワットとなります。家庭用の電化製品には、ワット数が表示されています。

●ワット

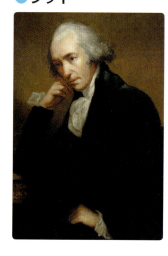

◀機関車を動かす動力となる「蒸気機関」を改良した、イギリス人の発明家だ。

こんなところで使われている！

ヒーター　給湯器　ドライヤー

●おもな電化製品の消費ワット

製品名	消費電力(W)	製品名	消費電力(W)
冷蔵庫	150～600	ドライヤー	800～1200
トースター	1000	アイロン	1200
電子レンジ	1300	そうじ機	1200
自動食器洗い機	1300	コタツ	600
炊飯器	300～700	電気カーペット	500～800
洗濯機	500	ノートパソコン	150

 身のまわりの電化製品のワット数を調べてみよう。

 わたしが使っているドライヤーは、1200ワットって書いてあるわ。

 そう、ドライヤーのワット数は、電化製品の中でも、高いほうなんだ。

 ノートパソコンは150ワットだね。

 つまり、ドライヤーを動かす力はノートパソコンを動かす力の8倍必要ってことだよ。

ワットのびっくりする話

電力とは関係がない!?単位のワット

ジェームズ・ワットは蒸気機関を改良し、産業の発展に大きな影響を与えた人物です。

それまでは蒸気による上下の動きだけで、鉱山を掘るポンプの棒を動かすために使われていました。ワットの改良によって上下運動から円運動に変わり、蒸気機関は船や汽車、そして織物を織る機械などの多くの動力となりました。

この蒸気機関の動きにちなんで、「単位時間あたりの仕事量」を表す単位としてワットの名前が使われることになりました。これが、電力についても使われるようになったのですが、ワット自身は、電力とは関係がありません。

蒸気機関車は、ワットが改良した蒸気機関を使っているよ。

オーム Ω

電気抵抗の単位「オーム」は、さまざまな電化製品を製造するときに、かならず使われる単位だ。いったいどんな役割をはたしているのだろう。

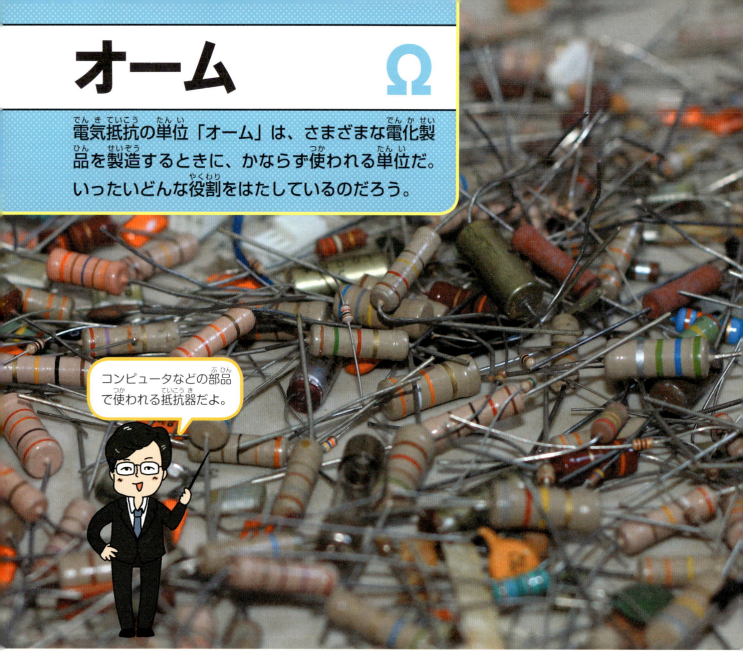

コンピュータなどの部品で使われる抵抗器だよ。

どうやってできた？ 電流の研究を行っているときに発見された

ドイツの物理学者ゲオルク・ジーモン・オームがオームの法則を発見したのは1827年のことでした。オームは電流の研究をしていたとき、金属線を長くすればするほど流れる電流が少なくなることに気づき、抵抗が存在することがわかりました。そして電流＝電圧÷抵抗という「オームの法則」を発表しました。

抵抗とは、物質中の電流の流れにくさの度合を表す量です。1ボルトの電圧を加えたとき1アンペアの電流が流れる抵抗が1オームです。抵抗の大きさは物質の種類と寸法によって異なります。

●オーム

◀オームの名前のアルファベットO（オー）がゼロとまちがえやすいことから、記号のΩが使われることになったよ。

186

オーム

こんなところで使われている！

電化製品

●抵抗器が使われているマザーボード

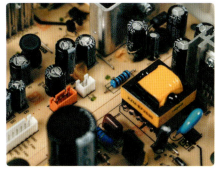

◀ コンピュータの中にある基盤には、抵抗器がついているよ。

どんな単位？

 オームは、どこで使われているの？

 たとえば、電化製品のなかには抵抗器が使われている。この抵抗器の働きを表すのがオームなんだ。

 抵抗器の働きって何なの？

 流れる電気の量を多くしたり、少なくしたりするんだ。たとえばスピーカーなら、この働きで音量を調節することができるよ。

 スピーカーの音の大きさが変わるのは、抵抗器があるからなんだね。

オームのなるほど話

電気を通しやすいもの、通しにくいもの

電化製品などの部品として使われるさまざまな材料のうち、電気を通しやすいものを「導体」といいます。反対に電気を通さないものを「絶縁体」といいます。抵抗器として使われるのは、導体の中でも電気を通しにくい「半導体」です。

日本はかつて、この半導体産業がさかんで、半導体の売り上げが世界一になったことがありました。

しかし、アメリカや韓国の技術がどんどん発展していったために、日本の順位は下がっています。

導体	半導体	絶縁体
銅　鉄	炭素（カーボン）　ゲルマニウム　シリコン	ゴム　ガラス

パート7　明るさ・音・電気

187

ヘルツ Hz

周波数の単位「ヘルツ」は、電波や音など波のように伝わるモノで使われる単位だ。目には見えないけれど、とっても大事な単位だよ。

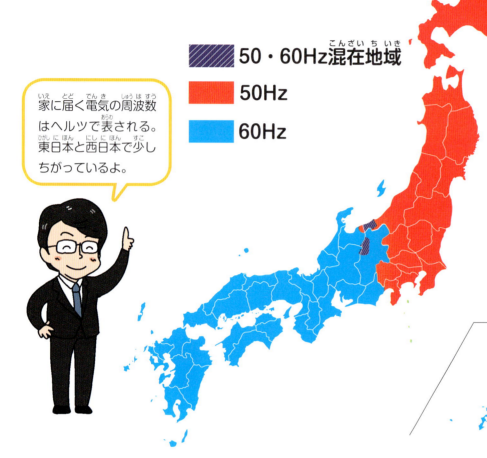

50・60Hz混在地域
50Hz
60Hz

家に届く電気の周波数はヘルツで表される。東日本と西日本で少しちがっているよ。

ドイツの学者が発見し1960年に単位となった

電気や音は、波として空気中を進んでいきます。ヘルツは、1秒間にできる振動回数を表す周波数の単位です。1秒間に振動数が1回であるとき1ヘルツとなります。

単位の名前は、1888年に「電磁波」とよばれる電気の波が存在することを証明したドイツの物理学者ハインリヒ・ヘルツに由来します。1960年に単位として認められました。

ヘルツの証明によって、電気や音などを伝える技術が進歩し、家庭に電気を送る技術をはじめテレビやインターネットなどが発展したのです。

●ヘルツ

◀電気を出す機械と受けとる機械をつくって、波が存在することを証明したんだ。

188

Hz ヘルツ

どんな単位?

ヘルツって、どこかで聞いたことがあるけど……。

わかりやすいものでいえば、「電波」かな。

そうだ！ 携帯電話がつながりにくいときに、「電波が弱い」っていうわね。

ほかにも、ラジオでヘルツが使われているよ。

ラジオって、使ったことがないよ。

そうか……。じゃあ、次のページを見てみよう！

電化製品

●**ヘルツが2種類あるわけ**

左のページの図にあるように、日本には2種類の周波数があります。

これは、明治時代に日本に入ってきた発電機がきっかけ。東日本にはドイツ製の50ヘルツの発電機が、西日本には60ヘルツのフランス製の発電機が使われたからです。そのまま電力ネットワークがつくられてしまいました。

今でも、東京で使えた電化製品が大阪では使えないことがあります。

ヘルツのびっくりする話

テレビの映像や音は電波で伝わる

テレビ放送も電波によって家に届けられています。その流れを見てみましょう。

① 放送局で撮影された映像や録音された音声を電気信号に変える。
② 電気信号が電波塔に送られる。
③ 電波塔から電波が発信され、電気信号を家庭のアンテナなどが受けとる。
④ 受けとった電気信号を、テレビがもとの映像や音声に変える。

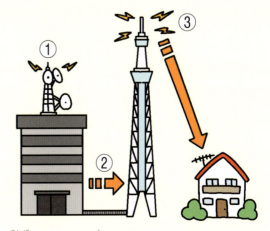

電波はアンテナで受けとっているんだね。

さまざまな周波数

音や電気などをはじめとして、身のまわりには、たくさんのヘルツが使われているよ。周波数の単位といっしょに覚えよう。

コウモリ

◀コウモリは暗やみでも自由に飛ぶことができる。これは、のどから高い音波を出し、かべなどに当たってはねかえった音波から飛んでいる位置がわかるからといわれているよ。

会話 100〜1000ヘルツ

赤ちゃんの泣き声 4000ヘルツ

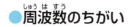

●周波数のちがい

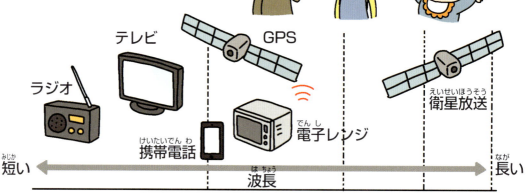

ラジオ　テレビ　GPS　携帯電話　電子レンジ　衛星放送

短い ←　波長　→ 長い

聞きとることができる周波数

耳で聞く音も、空気のふるえによって伝わります。つまり、高い音と低い音では周波数がちがうのです。

人間の耳は、およそ20ヘルツから2万ヘルツくらいまでの音が聞きとれます。

ふだんの会話は、声の低い人だと100ヘルツぐらいで、高い人だと1000ヘルツくらいです。とくに聞きとりやすい音は、2000〜4000ヘルツで、赤ちゃんの泣き声などがこの周波数です。そして、歳をとるにつれて高いヘルツの音が聞きとりにくくなります。

テレビとラジオ放送の周波数

テレビ放送で使われる周波数は、メガヘルツ（MHz）単位です。1メガヘルツは1ヘルツの100万倍です。周波数は、国がテレビ局ごとに割りあてています。1つの放送局で1つの地域につき1つの周波数を使います。

ラジオ放送もほぼ同じしくみですが、北海道などの面積が広い地域では電波が届く距離がかぎられているため、同じ放送局でも周波数がことなる場合があります。ラジオは聞くときに周波数を合わせるため、ラジオ放送局の周波数はよく知られています。

●衛星放送のしくみ

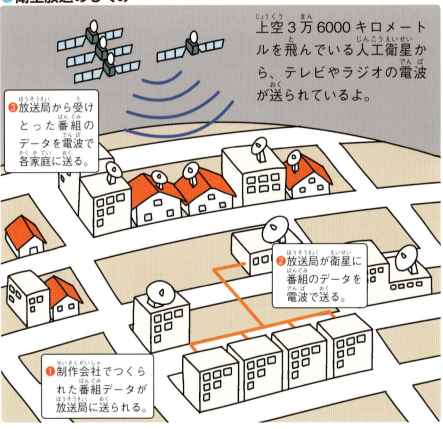

上空3万6000キロメートルを飛んでいる人工衛星から、テレビやラジオの電波が送られているよ。

❸ 放送局から受けとった番組のデータを電波で各家庭に送る。

❷ 放送局が衛星に番組のデータを電波で送る。

❶ 制作会社でつくられた番組データが放送局に送られる。

魚群探知機

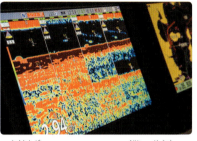

▲超音波とよばれるとても短い波長の波を海底に向かって出して、魚の群れを探す。

低周波マッサージ器

ギガの単位で送信しているGPS

衛星放送と地上波のテレビ放送とは周波数が大きくことなります。衛星放送で一般的に使われているのはギガヘルツ（GHz）単位です。これは、1ヘルツの10億倍です。

宇宙にある人工衛星に放送局が電気信号を発信し、それを受けとった人工衛星が電波に変えて、家のアンテナなどが受信するというしくみです。また、147ページで紹介したように、人工衛星を使って地球上の位置を正確にはかるGPSでも、ギガヘルツ単位の電波が使われています。

人間が感じとれない周波数

人間が感じとることができない周波数を使った機器があります。たとえば、2万ヘルツ以上の音波を使って魚の群れを探す「魚群探知機」です。音波を海の中に発して、魚の群れが発した音波を受けとって魚を発見します。

また、20ヘルツ以下の周波数を、低周波といいます。1〜2ヘルツくらいの弱い電磁波を流して肩こりなどを治療する「低周波マッサージ器」があります。

デシベル dB

音の大きさの単位「デシベル」。どうして、アルファベットの小文字と大文字の組み合わせなのだろう？

大きな音がする工事現場などに、デシベル（dB）が表示された看板が出ていることがあるよ。

電話に使われていた単位が音の大きさを表す単位に

デシベルは、電力や音圧などの比を表す単位です。電話回線で送話器から受話器に届くまでに失われる電気の度合いを表す「ベル」という単位があります。このベルは、電話を発明した人物の名前に由来します。

ところが、ベルで表される数値が1より小さくなることが多かったため、単位を1ケタくり下げて使うことが増えました。「デシ」は10分の1を意味する接頭辞です。もともとの単位であるベル（B）に、デシ（d）がついたというわけです。

また、現在はとくに、大きな音を表す場合によく使われています。

● ベル

▲電話を発明したベル。じつは、仕事を中断されるのがいやで電話を使わなかったそうだよ。

192

dB デシベル

デシベルってどのくらい？

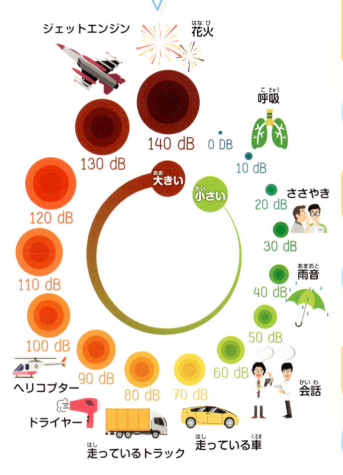

ジェットエンジン　花火
140 dB
130 dB
大きい　小さい
0 dB　呼吸
10 dB
20 dB　ささやき
120 dB
30 dB
110 dB
40 dB　雨音
100 dB
50 dB
ヘリコプター
90 dB
60 dB　会話
80 dB　70 dB
ドライヤー
走っているトラック　走っている車

どんな単位？

デシベルは音の大きさだよね。救急車のサイレンが100デシベルくらいだよね。

よく知っているね。じゃあ、セミの鳴く音は、何デシベルくらいだと思う？

救急車よりうるさいから……、120デシベルくらいかな？

い、いや120デシベルは近くに雷が落ちるくらいの音だから。セミの鳴く音は70デシベルくらいだよ。

そうなんだ‼ この声も70デシベルくらい？

……たしかに70くらいだね。

デシベルのなるほど話

工事による振動もデシベルで表す

左のページの写真にもあるように、振動（ゆれの大きさ）についてもデシベルを使います。工事現場の近くでたまに発生する「うん？　ゆれたかな」と感じるくらいの振動は、55〜65デシベルとされています。2011年の東北地方太平洋沖地震などで記録した震度7（227ページ）は、110デシベル以上とされています。

ちなみに、チェーンソーで木を切ったり、電動ドリルを使って穴をほったり、くいを打ちつける作業をする人は、耳せんやヘッドフォンを使って、耳を守っていることがあります。

ドリルを使ったときに出る大きな音が聞こえないように、ヘッドフォンをつけているよ。

パート7　明るさ・音・電気

テスラ　T

磁力の大きさの単位「テスラ」は、磁力を利用してつくられた製品に使われる単位だ。病院にもあるよ。

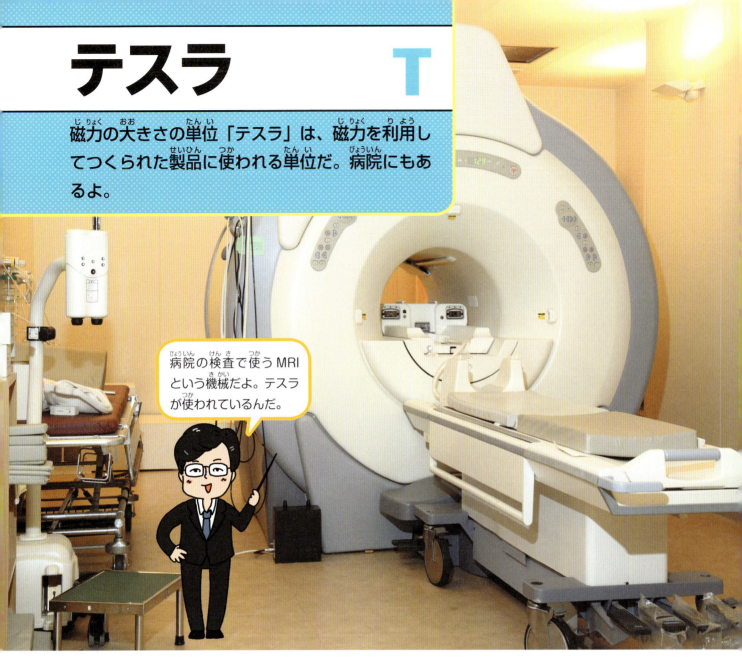

病院の検査で使うMRIという機械だよ。テスラが使われているんだ。

磁力の大きさを表す国際単位として1960年に認められた

　テスラとは、簡単にいうと磁力の大きさを表す単位です。名前の由来は、電気技師であり発明家でもあるニコラ・テスラです。テスラは電気モーター、ラジオなどを発明しました。

　磁力の大きさには「ガウス」という単位が使われていましたが、1960年に国際単位としてテスラが使われることになりました。

　たとえば、1平方センチメートルの面をもつ1テスラの磁石は、その面に約4キログラムの物体をくっつけることができる力が働いています。学校で使う赤と青の棒磁石の磁力は、およそ0.25テスラです。

● テスラ

▲エジソンの会社で働いたこともあったけど、仲が悪くなって、やめてしまったそうだ。

T テスラ

こんなところで使われている！

ネオジム磁石

▲棒磁石よりも強いネオジム磁石は 0.5 テスラくらいとされている。病院の MRI は 1.0 〜 1.5 テスラだ。

ハードディスク

▲強力な磁力をかけて、データを記憶させているよ。

● MRI のしくみ

病気など体の異変を見つける装置である MRI は、磁石の力を使って体の内部を撮影する機械です。この機械に入る（真ん中の円の部分に体を通す）と、体内の物質が磁石に反応します。

そのあと機械のスイッチを切ると、体内の物質はもとに戻ります。もとに戻るスピードのちがいを信号として受けとり、コンピューターを使って信号を画像にするのです。

どんな単位？

テスラ？ ぜんぜん聞いたことがない単位だなあ。

磁力の大きさを表しているんだけど、たしかに身近な単位ではないかもね。ところで、強い磁石と弱い磁石があることは知っている？

弱いって、方位磁石やペラペラのマグネットならわかるけど……。強い磁石って、どこで使われているの？

スピーカーやモーターの部品だよ。

そうか、機械の中に磁石が使われているんだね。

テスラの びっくり する話

じつは地球も磁石だった!?

方位磁石が北を指すのは、地球自体が磁石だからです。地球は 0.4 テスラほどの磁石の力を持っています。

現在、使われているもっとも強い磁石は、ネオジム磁石で、およそ 1.25 テスラです。ネオジム磁石は数センチメートルの大きさで、10 キログラム以上のモノを持ち上げることができます。

このネオジム磁石は、コンピューターのハードディスクや、左のページの写真で紹介した MRI などで使われています。そして、さらに強い磁石をつくる研究が続いています。

地球は北極側が S 極、南極側が N 極の磁石ともいえる。

シーベルト Sv

人間の体に害をもたらすことで知られる放射線の単位「シーベルト」。でも、じつは病院でもこの単位が登場するよ。

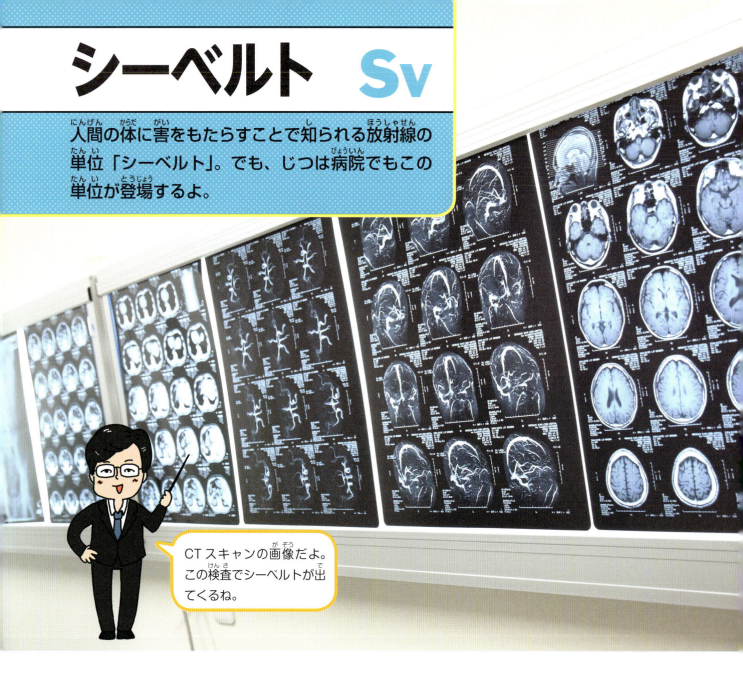

CTスキャンの画像だよ。この検査でシーベルトが出てくるね。

どうやってできた？ 19世紀末に放射能が発見され、単位も生まれた

シーベルトは、放射線をどれだけ浴びたかの量を表す単位です。1979年に国際単位となりました。

放射線とは、時間が経つと別の原子になってしまう不安定な原子の原子核が壊れてしまうときに出てくるものです。このように別の原子に変わってしまう性質を「放射能」といいます。

放射能は19世紀末に発見され、放射線をはかるためにシーベルトという単位も生まれました。

一度に多くの放射線を浴びると人体に悪い影響があるため、放射線を出す物質はとても慎重にあつかわれます。

● 放射線の種類

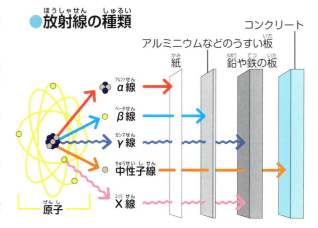

▲放射線は大きく5種類に分かれる。病院のCTスキャンやレントゲンで浴びるのはX線だよ。

こんなところで使われている！

X線レントゲン　　　ウラン

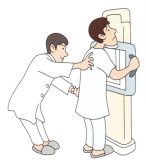

▲おもに原子力発電の燃料として使われるよ。オーストラリアやカザフスタンなどの鉱山でとれるものを加工しているんだ。

●放射能の強さを表す単位「ベクレル」

シーベルトが浴びた側の量を表す単位に対して、放出される量を表す単位が「ベクレル」です。放射能の強さを表す単位です。

1ベクレルは1秒間に1個の原子核が壊れて放射線を放出するときの強さを表します。単位名の由来であるアンリ・ベクレルが、この放射能を持つ物質を発見しました。そして、1975年にベクレルは単位として定められました。

どんな単位？

放射線って、こわいイメージがあるなぁ。

たしかに、原子力発電所の事故で有名になってしまったからね。でも、じつはごくわずかだけど、人間は毎日放射線を浴びているんだ。

え、そうなの？

太陽の光にも、病院のレントゲン検査にも放射線がふくまれているからね。ただし、一度にたくさんの量を浴びるのがよくないんだよ。

なんだ。放射線がすべて悪いってわけでもないのね。

シーベルトのびっくりする話

飛行機に乗ると放射線を浴びる!?

私たちは、生活していく中で放射線を浴びます。とくに空の高いところにいると、地上よりも多く浴びることがわかっています。

たとえば、東京とアメリカのニューヨークを結ぶ国際線の飛行機に乗るとき、往復で0.11～0.16ミリシーベルトを浴びるとされています。

宇宙では放射線がさらに多く、スペースシャトルが飛ぶ地上300キロメートルの高さだと、1年間に45～360ミリシーベルトを浴びるとされています。

なお、月の表面に立ったとき浴びる放射線は、1年間に100～500ミリシーベルトで、地上の300～1400倍にもなることがあります。

飛行機に乗っていても、放射線を浴びるんだね。

自然界にある放射線の量

シーベルトは大きすぎる単位で、ほとんど使われることはないんだ。ここでは、自然界に存在する放射線とその量を紹介するよ。

ガイガーカウンター

◀放射線の量をはかる機械。機種によっては、一定の数値を超えたときにアラームが鳴るよ。

●年間に浴びる自然放射線の量（日本の平均）

- 宇宙から 0.3 ミリシーベルト
- 呼吸から 0.48 ミリシーベルト
- 大地から 0.33 ミリシーベルト
- 食べ物から 0.99 ミリシーベルト
- 合計 2.1 ミリシーベルト（外部線量／内部線量）

●年間に浴びる自然放射線の量（世界の平均）

- 宇宙から 0.39 ミリシーベルト
- 呼吸から 1.26 ミリシーベルト
- 大地から 0.48 ミリシーベルト
- 食べ物から 0.29 ミリシーベルト
- 合計 2.4 ミリシーベルト（外部線量／内部線量）

●病院の検査で受ける放射線

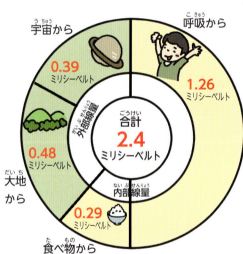

- 1,000mSv（=1シーベルト）
- 100mSv
- CTスキャン（胸部） 2.4〜12.9 ミリシーベルト
- 10mSv
- 日本人が1年間に平均して浴びる放射線の量 6 ミリシーベルト
- 1mSv
- 胃のレントゲン撮影 0.5〜3 ミリシーベルト
- 0.1mSv
- 胸のレントゲン撮影 0.06 ミリシーベルト

シーベルトと人への影響

　放射性物質をあつかう人たちは、自分自身がどの程度の量の放射線を受けたのかを、細かく管理し、記録しています。
　とくに原子力発電所で働く人は、年間で50ミリシーベルトを超える量を浴びてはいけないことになっています。
　一度に2シーベルトの放射線を浴びると5パーセントの人が死亡し、4シーベルトでは50パーセントの人が、7シーベルトでは、99パーセントの人が死亡します。

ミリシーベルト（mSv）

　1シーベルトの1000分の1が、1ミリシーベルト（mSv）です。1シーベルトの量は自然界には存在せず大きすぎるため、この「ミリシーベルト」か、さらに1000分の1小さい単位がよく使われます（次のページ）。
　日本人はふつうに暮らしているだけで1年間におよそ6ミリシーベルトの放射線を受けています。胃のX線レントゲンの撮影1回分で受ける放射線の量は、0.5ミリシーベルトから3ミリシーベルトです。

自然の中にも放射線を出す物質がたくさんあるんだ。

放射線を大量に受けると、体に悪い影響をおよぼすよ。

● 世界のおもな国の大地の放射線の量（年間）

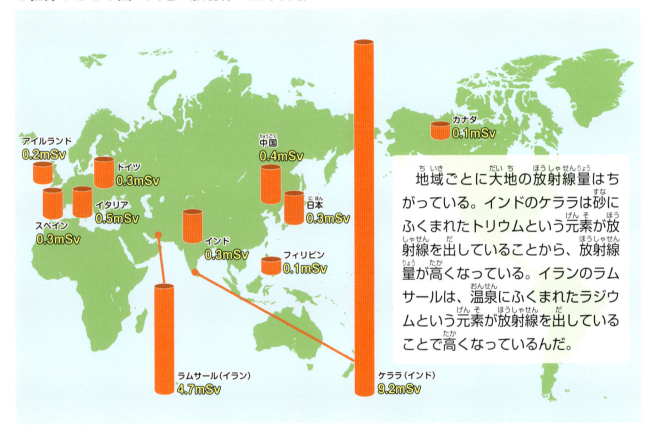

地域ごとに大地の放射線量はちがっている。インドのケララは砂にふくまれたトリウムという元素が放射線を出していることから、放射線量が高くなっている。イランのラムサールは、温泉にふくまれたラジウムという元素が放射線を出していることで高くなっているんだ。

マイクロシーベルト（μSv）

1ミリシーベルトの1000分の1が、1マイクロシーベルト（μSv）です。人間が1時間に受ける自然界の放射線の量は、0.04マイクロシーベルトです。

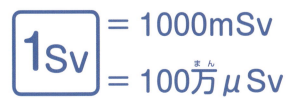

毎時シーベルト（Sv/h）

1時間あたりにどれだけ放射線を受けているかを表す単位が毎時シーベルト（Sv/h）です。
人の体への影響をみるときは短時間でどれだけの放射線を受けたかも考える必要があります。したがって、この毎時シーベルトの考え方で放射線を浴びた量を表すこともあります。
「毎時0.23マイクロシーベルト以上の放射線が空気中に飛んでいる地域は、放射線の量を減らす必要がある」と国や自治体が指定しています。

ビット、バイト　b B

パソコンなどで使う情報量を表す「ビット」と「バイト」は、文字や数字、記号などを表すときに使われる単位だよ。

パソコンではどんな文字や映像も0と1の数字に置きかえられるよ。

どうやってできた？ デジタル分野の発展とともに誕生した新しい単位

パソコンやスマートフォンなどデジタル機器で使われる情報（データ）は、0と1の2進法をもとにつくられています。つまり、すべての情報は0と1のならびで表されます。そして、この2進法の1けたの情報量をビットとよぶことになりました。1ビットは、0もしくは1を表現することができます。

はじめてビットが使われたのは1947年。アメリカの数学者ジョン・テューキーによって生みだされました。また、それを「情報量の単位」として定めたのは、同じくアメリカの科学者クロード・シャノンです。

●シャノン

◀情報工学の父とよばれ、名前のシャノンは、ビットと同じ情報量の単位となったよ。

b ビット

こんなところで使われている!

パソコン　スマートフォン　テレビ

● 8ビットで表される文字

0	00110000	C	01000011	O	01001111
1	00110001	D	01000100	P	01010000
2	00110010	E	01000101	Q	01010001
3	00110011	F	01000110	R	01010010
4	00110100	G	01000111	S	01010011
5	00110101	H	01001000	T	01010100
6	00110110	I	01001001	U	01010101
7	00110111	J	01001010	V	01010110
8	00111000	K	01001011	W	01010111
9	00111001	L	01001100	X	01011000
A	01000001	M	01001101	Y	01011001
B	01000010	N	01001110	Z	01011010

どんな単位?

 ビットは、162ページのビーピーエスのところで少し習ったよね。

 そうだね。ビーピーエスは通信速度の単位だったけど、ここでは通信されるデータそのものの単位を説明するよ。

 ところで、ビットやバイトで表す情報って何?

 パソコンやスマートフォン、ゲームで使う、文字や音楽、画像などのデータだよ。文字だけじゃないんだ。

 ふーん。いろんなところで使っているのね。

ビットとバイトの なるほど話

8ビットで文字や記号を表現

情報量を表す単位には、ビットのほかに「バイト」という単位もあります。一般的には8ビット＝1バイトです。0か1という2つの情報を表現できる1ビットが8つあるので、1バイトで2を8回かけ合わせた256通りの情報を表現することができます。

この256通りの中に、アルファベット26文字の大文字と小文字、数字や記号などを割りあてることで、1バイトで1文字を表します。

日本語では、さらにひらがなやカタカナ、漢字もあるため、1文字に2バイト使います。

● バイトの大きな単位

- キロバイト = バイトの1024倍
- メガバイト = キロバイトの1024倍
- ギガバイト = メガバイトの1024倍
- テラバイト = ギガバイトの1024倍

ビットに接頭辞がつくと単位が上がるたびに2を10回かけて（2×2×2×2×2×2×2×2×2×2）1024倍となるよ。

ドット　dot

画面や印刷の点の単位「ドット」は、とても小さな単位。映像や写真のデータをあつかうときに使われているよ。

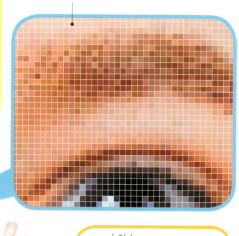

ドット

この写真もドットでできているよ。右上の写真を見れば、どういうしくみかわかるかな。

プリンター、コンピューターの発展とともに生まれた

どうやってできた？

英語で「点」を意味するドットは、その名のとおり「点」を表す単位です。プリンターを使って印刷する、文字や画像は非常に小さな点での集まりからできています。この点ひとつひとつが1ドットです。

また、コンピューターグラフィックスでもドットが使われています。モニターなどの「映像や写真の出力先」で表現できる最小単位をドットとよびます。ドットの点が小さいほど、より細かいものを表現することができます。

● 点で描かれた絵

▲図のように、点のすきまをあけると、色がうすく見える。反対に点のすきまがつまると、色がこく見えるね。

dot
ドット

こんなところで使われている!

印刷物　**液晶画面**

● 印刷物にできる「モアレ」

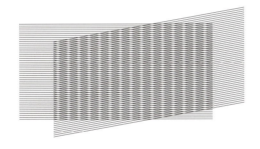

▲点の細かさが異なるドットを重ねたときに、しましまの線が入って見えることがある。これがモアレだ。

どんな単位?

ドットは、目で見ることってできるの?

パソコンやスマートフォンの画面をよく見てみると、小さな点が見えてくるかもしれないよ。

あ、これがドットかー。たしかに、点がいっぱいだね。

うん、でも、目がつかれるからあまり近くで画面を見すぎないようにね。

画像は小さな点が集まってできているんだね。

ドットのへぇ〜な話

日本語では意味がいろいろ

　ドットはアメリカから伝わってきた単位で、もともと小さな点を表し、とくに白黒の2つしか持っていない点のことを指していました。

　コンピューターや液晶画面の性能が発展していくにつれて、カラーの画面が生まれ、徐々にカラーで示された点のこともドットとよぶようになっていきました。

　ちなみに、水玉模様のことを「ドット柄」ということがありますが、このドットの単位から生まれた言葉です。

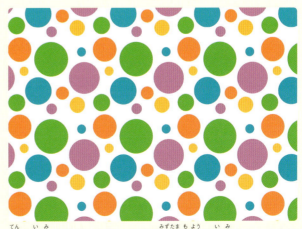

点を意味するドットは、やがて水玉模様の意味をもつようになった。

パート7　明るさ・音・電気

203

ディーピーアイ dpi

ドットと関係の深い「ディーピーアイ」はパソコンで使われる単位だよ。とくに画像の質の高さを示す単位として知られているよ。

100dpi

150dpi

この写真は、350dpiだよ。左の2枚の写真とくらべてみよう。

どうやってできた？ デジタル画像の表示技術の発展とともに誕生した

コンピューターであつかうデジタル画像のきめ細かさ（解像度）を表すためにつくられた単位が、ディーピーアイです。ディーピーアイとは、dots per inch（ドッツパーインチ）の略で、1インチの中にいくつドットが入っているかを表します。

1インチは2.54センチメートルで、その長さにいくつのドット（点）がならんでいるかがわかります。たとえば100ディーピーアイの場合は、1インチに100個の点があることを表します。

●ディーピーアイのしくみ

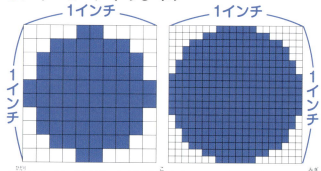

▲左は1インチにドットが10個ならぶ10ディーピーアイ、右は1インチにドットが20個ならぶ20ディーピーアイだよ。数値が大きいほうが、画像のより細かな部分まで表すことができるんだ。

204

dpi
ディーピーアイ

こんなところで使われている!

デジタルカメラ

プリンター

●見た目のちがい

350dpi

10dpi

50dpi

100dpi

150dpi

▲ディーピーアイが低いと、線がきれいに表示されないので、画像が見えづらくなってしまう。

どんな単位?

ディーピーアイって、何の単位なの?

解像度の単位だよ。パソコンで見る画像や、デジタルカメラの写真で使われることがあるね。

そういえば、スマートフォンでとった写真をプリントアウトしたら、きれいに出てこなかったことがあったの。それって、ディーピーアイと関係ある?

それそれ! まさにディーピーアイが関係しているよ。たぶん、ディーピーアイが小さかったんだね。

ディーピーアイの びっくり する話

画像をプリントすると見え方が変わる

　スマートフォンやパソコンで見た写真などをプリントアウトしたとき、きれいに印刷できないことがあります。スマートフォンやパソコンの画面などに必要なドットの密度と、印刷物に必要なドットの密度がちがうからです。

　スマートフォンやパソコンで見る画像は、72ディーピーアイや96ディーピーアイ、本や雑誌などでは、きれいに印刷するために最低でも300ディーピーアイが必要とされています。

画面ではきれいに見えているのに、印刷すると見えづらくなることもあるよ。

パート7 明るさ・音・電気

205

ピクセル px

ドットと同じように、デジタル画像などに使われる小さな単位が「ピクセル」だ。ドットと何がちがうのかな？

ふつうのテレビ

4Kテレビ

8Kテレビ

いちばんくっきり見えているのが、ピクセル数の多い、最新型の8Kテレビだよ。

どうやってできた？ 「写真の細胞」を意味する!? 画像の単位

デジタル機器の画像は、小さな四角の集まりでできています。このひとつひとつ小さな四角がピクセルです。

ピクセルは赤、緑、青の3色をうまく組み合わせることで、さまざまな色を表現しています。202ページで紹介した「ドット」は、画像を構成する単位です。これに対してピクセルは色の情報をもっている画像の単位で、英語で「写真」を意味するピクチャーと「細胞」を意味するセルを合わせたのが由来という説もあります。

パソコンやデジタルカメラで使われている「画素」は、ピクセルのことをさします。たとえば、100万画素とは、100万ピクセルのことです。

● ドットとピクセルのちがい

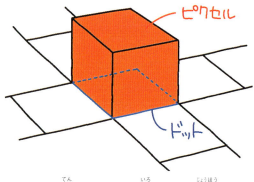

▲ドットは点、ピクセルは色をもった情報というちがいがあるよ。

px 色はこうしてつくられている！

赤・緑・青の3色を表現する

ピクセルで表現される色は、左のように組み合わせてつくられているよ。

緑と青を組み合わせると水色

赤と青を組み合わせるとピンク

緑と赤を組み合わせると黄色

赤と緑と青を組み合わせると白

どんな単位？

前に、デジタルカメラがほしくって、調べたことがあるの。ピクセルって「画素」のことだっけ？

よく知っているね。画素というのがピクセルだよ。画素数、つまりピクセルの数値が大きいほど、画像の細かいところまでくっきり見えるということになるね。

そうなんだ。でも、くっきり見えると毛穴が目立っちゃうかも……。

まあ、たしかにそうだ。そこまで気にするんだね……。

ピクセルのびっくりする話

8Kテレビの「8K」はピクセルの数だった！

8Kの「K」は1000を表す接頭辞です。つまり、8Kテレビは、8000ピクセル、4Kテレビは4000ピクセルというわけです。

注意したいのは、テレビ画面のピクセル数は、横とたての画面全体の合計ではなく、横の数字ということ。正しくは、8Kテレビが横7680×たて4320ピクセル、4Kテレビが横3840×たて2160ピクセルです。

8Kテレビや4Kテレビは、だいたい8000、だいたい4000という意味で使われているのです。

8Kといっても、じつは8000ピクセルよりちょっと少ないんだ。

世界のふしぎな単位 ⑤ 音

音楽の世界で役立つ音程の単位

音楽の世界で使われている音程にも、単位があります。音程とは2つの音の高さのちがいを表す言葉です。似た言葉に音階というものがありますが、これは「ド、レ、ミ、ファ、ソ、ラ、シ、ド」と音を周波数の低い順または高い順にならべたものをいい、単位を表すものではありません。ここでは音程を表す単位のいくつかを紹介します。

音階は音符がならんでいる状態をさし、その音と音のはなれ具合を音程というんだね。

度

音階は周波数の低い順に「ド、レ、ミ、ファ、ソ、ラ、シ、ド」のようにならんでいます。この音階を見るとき、「ド」を基準として、その下の「ド」が1度、「レ」が「2度」、「ミ」が「3度」といいます。「度」は音程の単位です。8度で上の「ド」になります。

オクターブ

基準とした「ド」と、8度の位置関係にある「ド」の音程との関係を「1オクターブ」といいます。2オクターブは15度の位置関係にある音どうしをいいます。じつは、このオクターブは周波数の単位「ヘルツ」で表すこともでき、1オクターブはなれた音の周波数が倍、または2分の1という関係になっています。

たとえば、ある「ド」の周波数は262ヘルツですが、1オクターブ上の「ド」は523ヘルツになります。

オクターブは、ドを基準として15度はなれた音程のことをいうのね。

208

力・エネルギー・温度の単位

カロリー　cal

熱量の単位「カロリー」は、エネルギーをはかるときに使われる。でも、日本では特別な使い方をしているよ。

朝ごはんのカロリーを調べてみよう

- 厚焼き卵　100gあたり 150キロカロリー
- 鮭の塩焼き　1切れ 150キロカロリー
- サラダ（ドレッシング使用）　100gあたり 80カロリー
- つけもの　100gあたり 50キロカロリー
- コーンポタージュ　100gあたり 270キロカロリー
- コーヒー　7キロカロリー
- 緑茶　4キロカロリー
- 納豆　60キロカロリー
- ごはん　235キロカロリー
- みそ汁　140キロカロリー
- ベーコンエッグ　133キロカロリー
- バタートースト　6枚切り1枚 233キロカロリー

どうやってできた？ 水の温度を上げるのに必要な熱量を表すために生まれた

　食べ物の量としてよく耳にする「カロリー」（cal）ですが、じつはその食べ物がもつ熱エネルギーの量、つまり熱量の単位です。

　カロリーという言葉は、ラテン語で「熱」を意味するカロルに由来します。1カロリーは「水1グラムの温度を1度上げるのに必要な熱量」と決められていました。

　ところが、水の温度によって、1度上げるのに必要な熱量がちがうことがわかりました。そこで現在は、熱量を表す「ジュール」（214ページ）を使ってカロリーの基準を定めています。

　日本では長く食べ物の熱量を意味する言葉として使われ、上のようにさまざまな食べ物のカロリーが計算されています。

0度の水
15度の水

▲上の表の火の大きさほどではないけれど、1度上げるのに必要な熱量は、もともとの水1グラムの温度のちがいによってわずかにちがっていたんだ。

このカロリーはどれくらい？

●1日に必要なカロリー（ふつうの活動レベル）

男子		女子	
6-7歳	1550キロカロリー	6-7歳	1450キロカロリー
8-9歳	1850キロカロリー	8-9歳	1700キロカロリー
10-11歳	2250キロカロリー	10-11歳	2100キロカロリー
12-14歳	2600キロカロリー	12-14歳	2400キロカロリー

●茶わん1杯分のごはんと同じくらいのカロリーの食べ物

焼きギョーザ（1皿）　　カレイの煮つけ

▲左のページにあるとおり、茶わん1杯分のごはんは235キロカロリーだ。

どんな単位？

「お菓子を買うときに、カロリーを見てるわ。」

「1日に必要なカロリーを知ってる？」

「えっ、どれくらいだろう？」

「10歳なら、約2100キロカロリーだよ！」

「そうなんだ！でも、2100キロカロリーがどれくらいかわからないわ。」

「そうか……。このページを読んでね。」

カロリーのびっくりする話

食べ物のカロリーはどうやって計算する？

　食べ物のカロリーは、食べ物にふくまれる成分が燃焼するときに発生する熱量と、その成分が実際に体内で消化される割合をもとに計算します。

　チーズなどにふくまれる脂肪1グラムを燃焼させると9.4キロカロリーの熱量が発生しますが、体内で95パーセントが消化吸収されるので、9キロカロリーと計算されます。この方法で計算すると、炭水化物は1グラムあたり4キロカロリー、タンパク質も1グラムあたり4キロカロリーになります。これをもとに、食べ物のおおよそのカロリーを計算しています。

 脂肪 ＝ **9** キロカロリー

 炭水化物 ＝ **4** キロカロリー

 タンパク質 ＝ **4** キロカロリー

脂肪、炭水化物、タンパク質は三大栄養素とよばれているよ。

さまざまな活動と消費カロリー

生活や運動などで消費するカロリーは、どれくらいだろう？　何をすればどれだけカロリーを消費できるかを紹介するよ。

そうじ/15分　26Kcal
入浴/20分　7Kcal
皿洗い/10分　9Kcal
洗顔と歯みがき/5分　3Kcal
ペットの散歩/20分　25Kcal
アイロンがけ/20分　18Kcal
読書/30分　6Kcal

家事の消費カロリー

親がふだんやっている家事を手伝うと、カロリーを消費します。

たとえば、部屋のそうじはどうでしょう。体重40キログラムの人が15分間そうじ機をかけると、26キロカロリーを消費します。

同じ体重の人が10分間、アイロンがけをすると、18キロカロリーを消費します。

ほかにも、お風呂のそうじは10分間で20キロカロリーを消費します。食べすぎたと思ったら、積極的に家事の手伝いをしましょう。

くらしの消費カロリー

日常生活でのカロリー消費量を、体重40キログラムの場合で見てみましょう。

まず、朝起きて顔を洗って歯を磨くだけでも、5分で3キロカロリーを消費します。ペットの散歩をすると、20分で25キロカロリーを消費します。ペットと一緒に軽く走ると、同じ時間でも42キロカロリーとなります。

お風呂に20分間入ると、7キロカロリーを消費します。30分間、座った状態で本を読むと、6キロカロリーを消費します。

cal カロリー

スポーツでカロリーを消費するのはわかるけど、じっとしていても少しは消費するのね。

サッカーやテニスで消費するカロリーは、ボーリングで消費するカロリーの3倍だ。

サッカー/30分　126Kcal

ボーリング/30分　42Kcal

水泳（平泳ぎ）/10分　63Kcal

テニス/30分　126Kcal

ピアノ/30分　32Kcal

野球/30分　84Kcal

柔道/30分　189Kcal

つり/1時間　84Kcal

※ CLUB Panasonic（クラブパナソニック）より

スポーツの消費カロリー

　スポーツをすると、多くのカロリーを消費します。同じ40キログラムの人の場合で紹介していきます。
　広いグラウンドを走りまわるサッカーは、30分間の練習で126キロカロリーを消費します。同じ時間だと、テニスも126キロカロリー、野球は84キロカロリーです。
　屋内スポーツの柔道は、30分で189キロカロリーを消費します。はげしく動かないつりは1時間で84キロカロリーを消費します。

動かなくてもカロリーを消費する

　1日じっとしていても、カロリーは消費します。この消費カロリーを「基礎代謝」といいます。
　性別や年齢や体重によって変わりますが、小学校6年生〜中学生の男の子の基礎代謝量は、体重48キログラムの場合1490キロカロリー。女の子の基礎代謝量は、体重46キログラムの場合1360キロカロリーです。

パート8　力・エネルギー・温度

213

ジュール　　J

熱量を表す単位は、日本では「カロリー」のほうが有名だけど、世界では「ジュール」のほうがよく使われているよ。

モノが外からの力で動いたときにかかった熱量を表すのが、ジュールだよ。

どうやってできた？ イギリスの物理学者ジュールが19世紀にはじめて測定に成功した

日本では、熱量を表す単位として「カロリー」を使いますが、世界ではこのジュールを使います。

あるモノが外からの力で一定の距離を動くことを「仕事」といいます。この仕事にかかるエネルギー（熱量）を表す単位がジュールです。ジュールは、外からの力×動いた距離で計算されます。

名前の由来となったのは、電流と熱の関係から熱量を表す法則を発見したイギリスの物理学者ジェームス・プレスコット・ジュールです。

ジュールは、1960年に国際単位と認められました。1ジュール＝0.24カロリーに相当します。

● ジュール

◀ジュールは研究者にはならず、独自に熱量の研究をしたよ。

J ジュール

こんなところで使われている！

都市ガス　　アイロン

▲東京都や神奈川県、千葉県など関東地方で使われている都市ガスは、1立方メートルあたり45メガジュール。

● ジュールとカロリーの関係

1ジュールをカロリーで表すと、0.24カロリーです。1カロリーをジュールで表すと、4.2ジュールとなります。

つまり、ジュールの単位は、カロリーの約4分の1です。

ちなみに、おにぎり1個は、約170キロカロリー。これをジュールで表すと、約714キロジュールとなります。

170kcal ＝ 714kJ

どんな単位？

　このアルファベットのJが単位なの？

　日本では見かけないよね。でも、世界ではよく使われている単位だよ。

　どうして、日本では使われないの？

　ジュールの代わりにカロリーが使われているからだよ。日本は食べ物をカロリーで表すでしょ？ 外国の食べ物はジュールで表すよ。

　外国のお菓子は、ジュールで表示されているのね。

ジュールのびっくりする話

ジュールのエネルギーは小さい！

1ジュールとは、1ニュートン（216ページ）の力がその力の方向に約100グラムの物体を1メートル動かすときの仕事量のことです。

砂糖1グラムのもつエネルギー（熱量）は約1万6000（16キロ）ジュールです。

モノを動かすエネルギーのイメージで考えるジュールと、食べ物の熱量のイメージで考えるジュールは、ちがいますね。

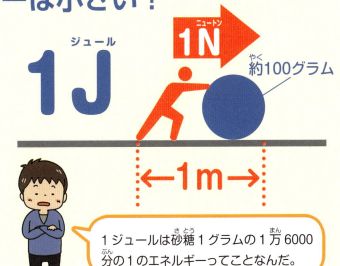

1ジュールは砂糖1グラムの1万6000分の1のエネルギーってことなんだ。

パート8　力・エネルギー・温度

ニュートン　N

リンゴが落ちるのを見て、あることにひらめいたニュートン。何をひらめいた？　その名前がついた重力の単位「ニュートン」を知ろう。

奥にあるのが、今も残っているニュートンの生まれた家。そしてこの木が、あのリンゴの木といわれているよ。

どうやってできた？ 1948年、国際的に認められた力の単位

　ある物体を動かす、あるいは加速させる「力」を表す単位が「ニュートン」です。
　17世紀にイギリスの科学者アイザック・ニュートンが「リンゴに働く力は、月や惑星にも同様に働いているのでは？」と考えたことから生まれたとされるのが万有引力の法則。これを発見したニュートンにちなんで、1904年にブリストル大学のデビッド・ロバートソンが単位とすることをよびかけました。そして、1948年の国際度量衡総会で単位として認められました。1ニュートンは、質量1キログラムの物体に1メートル毎秒毎秒（m/s²）の加速度を生じさせる力のことです。

●ニュートン

▲虹が7色であるといいはじめたのもニュートンなんだ。

N ニュートン

こんなところで使われている！

ジェットコースター

磁石

●万有引力の意味

言葉から意味を考えてみましょう。引力は、文字のとおり「引きよせる力」です。「万有」の「万」には、数字のケタだけでなく、「あらゆるモノ」という意味があります。そして「有」には「もつ」という意味もあります。

つまり、「あらゆるモノには引きよせる力がある」。これが、万有引力の法則です。

どんな単位？

ニュートンって、リンゴの人だよね？

リンゴの人……。まちがいではないけどね。万有引力を発見したニュートンの名前からついた単位だね。

どんなところで使われる単位なの？

モノどうしの間に働く力、磁石や電気の力にもニュートンが使われるよ。

ぼくと地球の間にも引き合う力が働いているんだね。

ニュートンのなるほど話

引力と重力はどうちがう？

引力に対して重力は、引力と「遠心力」を合わせた力のことをいいます。遠心力とは、回転によって遠くにはなれていこうとする力です。

地球は、自転をしています。ぐるっとまわるので、地球上にあるものには空（宇宙）に向かっていこうとする力（遠心力）が働きます。

ただし、引力のほうが強いので、地面にあるものがうきあがったりはしないのです。

引力

物体がたがいに引き合う力

重力

地球の引力と自転の遠心力を合わせた力

重力の話

地球上でモノを落としたときに動く力や、太陽や月の重力のふしぎについて紹介するよ。

地球上の重力加速度

高いところからモノを落としてみると、落ちていくスピードはだんだんと速くなります。これを「加速度がついている」といいます。

地球に引っぱられる力を「重力加速度」といいます。この重力加速度は、場所によって若干ちがってくるため、世界では標準重力加速度という基準値9.80665メートル毎秒毎秒が定められています。

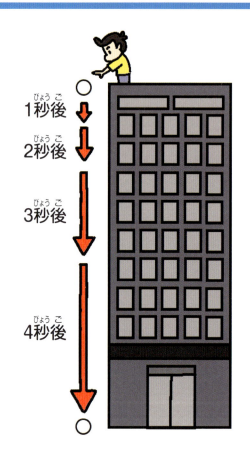

▶ モノが落ちていくスピードは、時間とともにどんどん速くなる。この数字を表すのが重力加速度だよ。

同じ物体も月では軽く感じる!?

▲同じ重さの物体を持ったときに、地球上より月面上のほうが軽く感じるんだ。

重力の値を計算するときは、重力加速度が関係します。つまり、重力加速度がちがう場所では、重力の値が変わってきます。

たとえば、重さ1キログラムの物体の重力を月面で計算するとします。月の重力加速度は地球の約6分の1のため、1×（9.8÷6）≒1.6ニュートンとなります。

実際に、月の上で1キログラムの物体を手にのせた場合、地球の上で手にのせたときよりも軽く感じます。また、体重36キログラムの人が月で体重計に乗ると、約6キログラムと表示されます。これも重力のちがいによるものです。

● 太陽系の惑星の重力

太陽 地球の重力の **27.9倍**

火星 地球の重力の **0.39倍**

土星 地球の重力の **1.13倍**

木星 地球の重力の **2.36倍**

うわっ！ 太陽の重力が強いから、地球はすいこまれちゃうんじゃ……。

たしかに太陽に引きよせられているけど、地球が太陽のまわりを回っているから、そのまま落ちていくことがないんだ。

もっと知りたい！ 落ちるリンゴを見て発見はウソ？

ニュートンが万有引力を発見したエピソードで、「ニュートンが木から落ちるリンゴを見て万有引力を発見した」という説があります。

しかしこの説はまちがいで、本当は「リンゴに働く力は、月や惑星に対しても同じように働いている」と考えたとされています。

この話が言い伝えられるうちに内容が変わってしまったのです。

ニュートンはリンゴの木の下で本を読んでいて、ひらめいたそうだよ。

パスカル Pa

圧力の単位「パスカル」は、目に見えない空気やガスなど、気体の圧力をはかるときに使われているよ。天気予報にも登場するんだ。

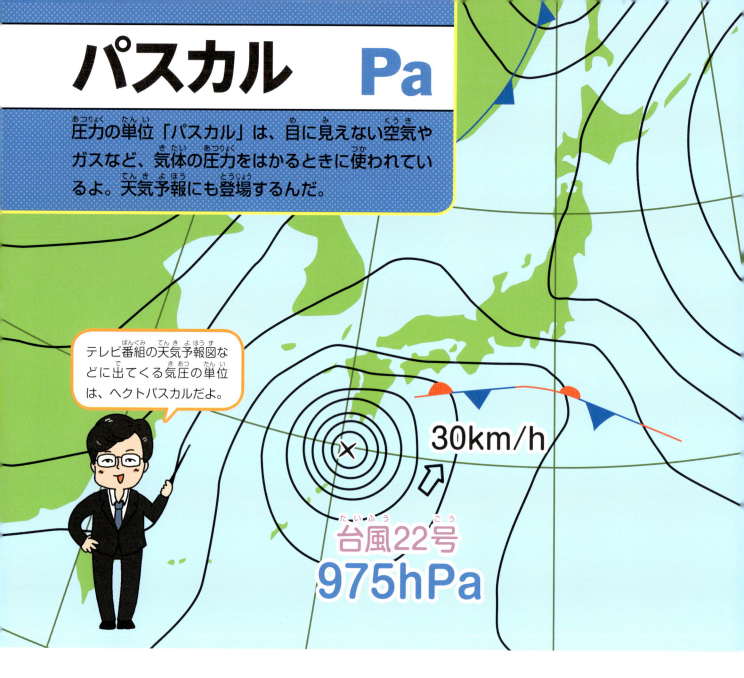

テレビ番組の天気予報図などに出てくる気圧の単位は、ヘクトパスカルだよ。

台風22号
975hPa
30km/h

 1648年、大気圧の存在を証明したことからはじまった

わたしたちのまわりには、目には見えませんが、空気があります。地球上にある空気のことを「大気」といいます。1648年、フランスの科学者パスカルは、大気にはまわりを押す力「大気圧」があることを明らかにしました。

その後、1971年に国際度量衡総会で「1平方メートルにかかる1ニュートンの圧力」を1パスカルとすることが決まりました。

天気予報でよく使われているヘクトパスカルは、パスカルの100倍です。ヘクトは、ヘクタールと同じように100倍を意味する接頭辞です。

●パスカル

◀子どものころからさまざまな勉強をしていた。哲学や数学、キリスト教などの研究家としても有名だよ。

Pa
パスカル

こんなところで使われている!

タイヤ　　プロパンガス

●台風の強さとヘクトパスカル

天気予報で使われるヘクトパスカルは、大気圧を表す単位です。日本付近の平均的な大気圧は1013ヘクトパスカルです。

台風は大気圧が低く、日本付近ではおよそ960〜990ヘクトパスカルとなります。960ヘクトパスカルより低くなると、天気予報で「強い台風」といわれることが多くなります。

圧力計

©leapingllamas2005

どんな単位?

パスカルは天気予報で聞いたことあるような……。ヘクトパスカルだっけ？

そうだね。台風がやってくると、よく聞く単位だね。

ということは、ヘクトパスカルって風の強さ？

雨の強さじゃないの？

うーん。ちょっとちがうね。ヘクトパスカルは大気圧の単位。台風は、大気圧が低いほど勢力が強いことが多いんだ。

パスカルのびっくりする話

大気圧が下がると袋がふくらむ!?

袋入りのスナック菓子を高い山の頂上まで持っていくと、袋がぱんぱんにふくらみます。こうなる理由にパスカルの大きさが関係してきます。

地上とくらべて、高い場所に上がると大気圧が小さくなり、スナック菓子のまわりを押す力が弱くなります。

スナック菓子には中に空気が入っていて、袋の中の空気が押し返す力は地上にあるときと変わらずに働くため、結果的に袋がふくらむのです。

山の上では

こんなにふくらむんだ！

パート 8　力・エネルギー・温度

221

パスカルの実験

パスカルは、目に見えない大気圧の存在をどうやって証明したのだろう？その実験の中身にせまる！

水銀の入ったガラス管を持って山に登る！

パスカルは、ガラス管と「水銀」という液体の金属を使って、大気圧の存在を証明しました。

まず、同じ量の水銀を入れた2本のガラス管を山のふもとで逆さに立てて、水銀の高さをはかりました。もちろん、ふたつの高さはまったく同じです。

続いて、1本のガラス管を持って山に登りました。そして頂上にのぼったところで、水銀の高さをはかりました。すると、ふもとではかったときよりも低くなっていたのです。そのあとまたふもとに下りて水銀の高さをはかると、はじめにはかったときと同じでした。

こうしてパスカルは、山の頂上では圧力が弱まって高さが変わることから、空気が水銀を押さえつける力があることを発見しました。

ちなみに、パスカルは体が弱かったので、山に行くことができず、人にたのんでこの実験を行ってもらいました。

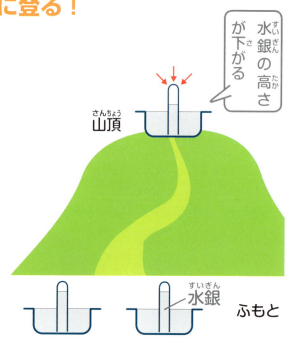

▲ふもとではかったときよりも、山の上では水銀の位置が低くなった。つまり山の上とふもとでは、空気の押す力がちがうことを発見したんだ。

風船でわかる「パスカルの原理」

実験によって大気圧の存在を発見したパスカルは、そのあと圧力に関する原理も発見しました。

パスカルの原理とは、圧力の伝わり方についての説明で、「密閉した容器に入った気体や液体の1カ所に力を加えると、その中にある気体や液体のすべての場所に同じ強さの力が伝わる」という内容です。

この原理は、風船に空気を入れることで体験することができます。もしパスカルの原理が成り立たなければ、風船はきれいにふくらまないことになります。

▲風船に空気を入れると、丸い形にふくらんでいく。つまり空気の圧力が、風船の中のすべての場所に同じ強さで伝わっているんだ。

222

Pa
パスカル

「人間は考える葦である」

パスカルの父は、地方の役人で学問にくわしく、多くの知り合いがいました。パスカルは父とその知り合いたちとの交流によって、科学だけでなく、哲学や宗教などにも興味をもち、知識を身につけていきました。

パスカルは体が弱く、39歳の若さで亡くなりますが、死後にノートやメモが見つかりました。そこに、「人間は考える葦である」という言葉がありました。

葦とは、イネ科の細長い草で川や沼の近くに生い茂っています。パスカルは、「人間は自然のなかでもっとも弱い1本の葦にすぎないけれど、考えることができるという意味では偉大である」という意味の名言を残しました。

▲大自然から見れば、葦のように弱くちっぽけな存在かもしれない。でも、考えることができるのだから、ほこりをもって生きよう。という意味だよ。

パスカルは、いろんなことを考えながら生きたのね。

パスカルの残したノートやメモをもとに、『パンセ』という本がつくられたよ。今でも、多くの人に読まれているんだ。

もっと知りたい！ かつて使われていた「ミリバール」

大気圧を表すパスカルの単位が使われる前は「ミリバール」という単位が使われていました。

ミリバールは「重さ1000キログラムの物体が毎秒1センチメートルの加速度を受ける力が1平方センチメートルにかかるときの圧力」と定義されています。

天気予報では、このミリバールが1945年から1991年まで使われていました。1992年からパスカルに変わりました。このとき、ミリバールと同じ数値になるように、パスカルを100倍したヘクトパスカルが使われることになったのです。

975ミリバール = 975ヘクトパスカル

ミリバールは、バールという単位の1000分の1を表しているよ。

マグニチュード、震度　M

地震が起こるとニュースで伝えられる「マグニチュード」と「震度」。それぞれ、何を表す単位で、どうちがうのだろう？

●地震にまつわる用語

地震によって地面に現れた断層だよ。地震にまつわる用語も覚えよう。

どうやってできた？　1930年代にアメリカの地震学者リヒターが考案した

地震のニュースで登場する数値は、地震の規模を表すマグニチュードと、ある場所でのゆれの大きさを表す震度の2種類があります。

マグニチュードは、地震の大きさ（エネルギー）を表す「指標」で、正確には単位ではありません。1930年代にアメリカの地震学者チャールズ・リヒターが考え出したことから、「リヒタースケール」ともよばれています。マグニチュードが大きくても、震源から遠いところでは震度は小さくなります。

マグニチュードは0.2上がると地震の規模は2倍に、1上がると約32倍になるという関係があります。

●リヒター

◀地震の大きさを表す方法を考えたよ。

マグニチュードと地震の規模

M	呼び方	被害など
0	極微小地震	感じない
1	微小地震	感じない
2		ごくまれに感じる
3	小地震	震央の近くで感じられることがある
4		震央近くで有感、震源がごく浅いと軽い被害
5		被害が出ることは少ない
6.0	中地震	震央近くで小被害、M7に近くなると大被害
6.5		
7.0	大地震	内陸では大災害、海底であれば津波
7.5		
8.0	巨大地震	内陸では広い範囲で大災害、海底であれば大津波
8.5		
9+		数百から1000Kmの範囲で大災害・大津波

▲マグニチュード8の地震は約10年に1度、マグニチュード9は、数百年に1度の割合で起こるとされている。

どんな単位？

どうして「5マグニチュード」っていわないの？

お、するどい質問だね。それは、マグニチュードが単位じゃないからさ。

単位じゃないって……じゃあ、何なの？

指標だね。つまり、単なる数ってこと。

……何だかよくわからないけど、単位じゃないってことは覚えておくよ！

ま、まあ、そうだね。

マグニチュードのへぇ〜な話

過去最大のマグニチュード

観測記録として残っている中で、過去最大のマグニチュードとなった地震は、1960年のチリ地震です。このときのマグニチュードが9.5でした。チリからはるか遠くはなれた日本にも、津波の被害があったほど、大規模な地震でした。

近年、大きなマグニチュードを記録した地震は2004年のスマトラ島沖地震で、マグニチュードは9.0ほどでした。インド洋で津波が発生し、周辺国にも被害が出ました。

インド洋に面した国々が、津波による被害を受けたよ。

地震のふしぎとひみつ

地震はどうやって起こるのだろう？ 発生するしくみを見てみよう。また、ゆれの大きさを表す震度についても紹介するよ。

●プレート

地球の表面をおおっている、固い岩盤をプレートというよ。日本列島は4つのプレートの上にあるんだ。

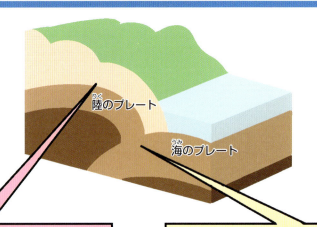

活断層で発生する地震

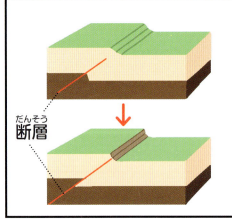

海溝型地震

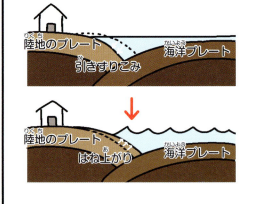

活断層による内陸型地震

　日本の国土には、多くの活断層があります。この活断層が原因となって引き起こされる地震もあります。メカニズムは海溝型の地震と同じ。海洋プレートの動きで陸地のプレートのさまざまなところがひび割れて、ずれが生まれます。これが断層です。断層のうち、過去数十万年の間に何度もずれたり、地震が起こったりしたもので、将来も活動する可能性のあるものを活断層といいます。活断層でずれが発生することで起こるのが、内陸型地震です。
　活断層は、地面の浅いところにもあります。

プレートによる海溝型地震

　日本の周辺には、いくつかのプレートがあります。海洋プレートと陸地のプレートの境界は、深い海溝になっています。
　この海溝では、海洋プレートが陸地のプレートの下にしずみこむようにして動いています。海洋プレートが陸地のプレートをまきこみながらしずみこみ、陸地のプレートがそれに引きずられてひずみが生まれていきます。
　ひずみが大きくなりすぎると、陸地のプレートは、はねかえるようにしてもとの形にもどります。このとき起こるのが、海溝型地震です。

●震度とゆれの大きさ

0
ゆれを感じない。

1
部屋の中でじっとしている人がわずかにゆれを感じる。

2
部屋の中でじっとしている人の多くが感じる。

3
部屋の中にいる人のほとんどがゆれを感じる。

4
つり下げ型の電灯が大きくゆれ、ほとんどの人がおどろく。

5弱
多くの人がものにつかまりたいと感じる。たなにある食器や本が落ちたり、固定していない家具が動いたり倒れたりすることもある。

5強
ものにつかまらないと歩きづらい。たなにある食器や本が落ちる。補強されていないブロックべいが倒れることがある。

6弱
立っていられなくなる。固定していない家具が動いたり、倒れる。ドアが開かなくなることがある。壁のタイルや窓ガラスがこわれて落ちることがある。耐震性の低い木造の建物の一部がかたむくことがある。

6強
はわないと動けず、飛ばされることもある。固定していない家具の多くが動いたり倒れたりする。耐震性の低い木造の建物がかたむいたり倒れたりする。地割れが起こり、地すべりや山くずれが起こる。

7
耐震性の低い木造の建物の多くがかたむいたり倒れたりする。耐震性の高い木造の建物でもまれにかたむくことがある。耐震性の低い鉄筋コンクリートの建物でも倒れるものが多くなる。

震度は0から7までだけど5と6に「強」と「弱」があるから、全部で10段階なんだ。

知っておきたい大地震の話

日本は、世界的に見ても地震が非常に多い国だ。過去の地震と地震情報の通知システムを紹介するよ。

過去に起こった大地震

平成になってから起こった地震のうち、マグニチュードや震度がとくに大きく、被害も大きかった地震をいくつか紹介します。

平成6年（1994年）、北海道東方沖地震
M8.2、最大震度6

平成5年（1993年）、北海道南西沖地震
M7.8、（推定）最大震度5

平成15年（2003年）、十勝沖地震
M8.0、最大震度6

平成16年（2004年）、新潟県中越地震
M6.8、最大震度7

平成23年（2011年）、東北地方太平洋沖地震
M9.0、最大震度7

平成7年（1995年）、兵庫県南部地震
M7.3、最大震度7

平成28年（2016年）、熊本地震（本震）
M7.3、最大震度7

▲毎日、日本のどこかで地震は起こっているよ。

未来の地震

▲赤い線で囲んだ部分が、震源となりそうな場所だよ。

将来起こる地震の発生を予想できるのでしょうか？　たとえば「1週間以内に、東京都で、マグニチュード7の地震が起こる」というような、時期や場所、大きさを具体的に示して予想することはむずかしいと考えられています。

ただし、プレートの動きや過去に起こった地震との関連などから、静岡県から四国までの太平洋側の沿岸で、非常に大きな地震が起こる可能性が高いことが明らかになっています。

この地震は、南海トラフ地震といわれ、気象庁などの機関が、一帯のプレートの状況などを細かくチェックしています。

緊急地震速報のしくみ

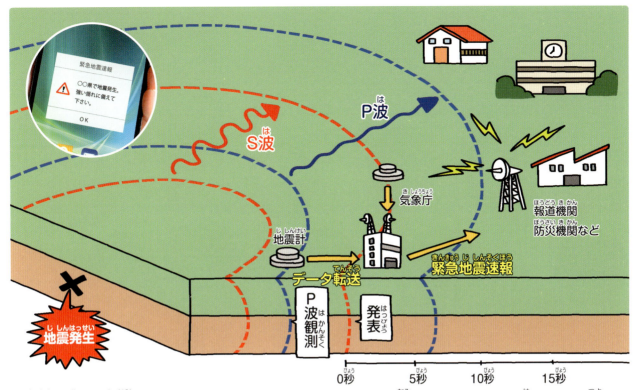

　地震が起こる直前に、テレビやスマートフォンなどで速報ニュースとして、伝えられることがあります。これが、緊急地震速報です。
　地震のゆれは大きな波となって地面を伝わります。この地震の波には次の2種類があります。
・P波　最初のゆれの波、伝わるのが速い
・S波　2回目のゆれの波、伝わるのがおそい

2つの波のうち、おもにS波のほうが強いゆれになることが多いとされています。
　緊急地震速報とは、P波をキャッチしたらすぐに気象庁に伝わり、S波がくることを知らせて注意をよびかけるシステムです。気象庁はテレビやラジオ、携帯電話のメッセージなどで地震がくることを伝えます。

もっと知りたい！　どうやって震度をはかっている？

　震度やマグニチュードは、基準によってはかり方がちがいます。まず、震度は全国各地に設置されている地震計ではかります。ただし、震度7のときは、家屋倒壊が30パーセント以上発生しているという基準があります。地震が発生したあとに専門の人が判定するため、地震発生の場所へ調査に行きます。
　マグニチュードも、同じく地震計で観測しています。また、ただのゆれだけでなく、震源となった断層の大きさなどを計算し、そこからマグニチュードを求めることもあります。

針のふれ幅の大きさが、地震のゆれの大きさを表しているよ。

ピーエッチ pH

水溶液中の水素イオン濃度を表す「ピーエッチ」は、理科の実験でもおなじみだね。この単位はどうやって生まれたのだろう。

0から14まであるよ。

← 酸性　中性　アルカリ性 →

 物質の酸性とアルカリ性の度合いを調べるために考えられた

1909年、デンマークの化学者セレン・セーレンセンによってつくられたのがピーエッチです。

ピーエッチは0〜14の範囲で表され、真ん中の7は中性です。その7よりも小さい値なら酸性、7より大きい値がアルカリ性となります。

また、酸性かアルカリ性かを決めているのは物質にとけている水素イオンの量です。セーレンセンは水素イオンによって物質が酸化することをつきとめました。

単位の記号「pH」のHは水素（hydrogen）を表しています。読み方は「ピーエッチ」または「ペーハー」です。

●セーレンセン

◀水素イオンの濃度をはかることで、どのくらい酸性かを示すことにしたよ。

pH
ピーエッチ

こんなところで使われている!

どんな単位?

アルカリ電池　　ボディソープ

弱酸性

酸性やアルカリ性って言葉なら、聞いたことあるよ。すっぱいモノは酸性だよね。

そうだね。身近なモノだと、弱酸性のボディソープやシャンプーがあるよ。

●リトマス試験紙のひみつ

リトマス試験紙は青色と赤色の2種類があり、物質が酸性の場合は青色のリトマス試験紙が赤色になります。アルカリ性の場合は赤色のリトマス試験紙が青色になります。
また、両方の試験紙の色が変わらなかった場合、その物質は中性であると判定されます。

私は弱酸性のシャンプーを使っているわ！

ところで、弱酸性って何？

ピーエッチが3.0以上6.0未満ってことだよ。

ピーエッチのびっくりする話

土にも酸性、アルカリ性がある！

農作物を育てる前に、土地の性質が酸性かアルカリ性かを調べることがあります。多くの作物は、中性〜ややアルカリ性の土だとよく育つからです。

日本の土の多くはどちらかというと酸性よりです。作物に栄養を与えるために化学肥料をまいていると、土が酸化していくからです。

また、農作物は根から水素イオンを出すので、酸化していきます。そんなときに使われるのが、石灰。作物の種をまいたりする前に、アルカリ性の石灰をまくのは、酸化を防ぐためでもあるのです。

土の中のピーエッチを調べる機械があるよ。

パート8　力・エネルギー・温度

231

度　℃

だれもが知っている温度の単位「度」は、記号にひみつがある。また、じつはアメリカでは使われていないんだ。

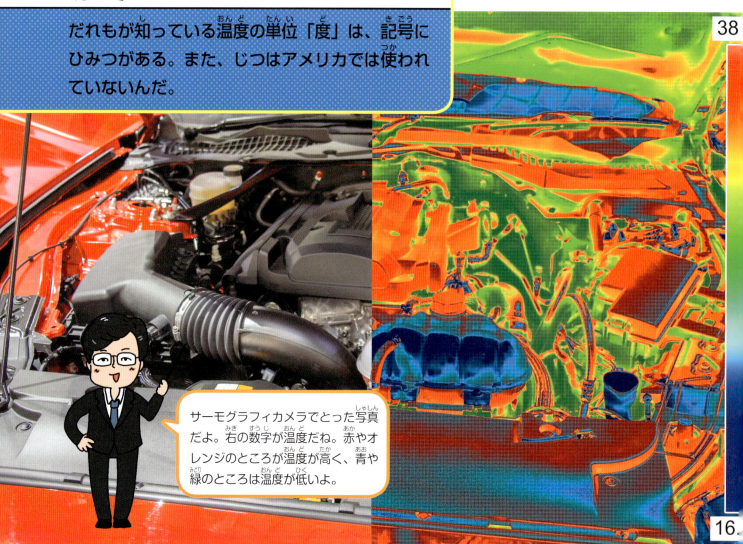

サーモグラフィカメラでとった写真だよ。右の数字が温度だね。赤やオレンジのところが温度が高く、青や緑のところは温度が低いよ。

どうやってできた？　1742年、スウェーデンの天文学者セルシウスが考案した

日本で使われている温度計で表示される温度の単位「度」は、正式にはセルシウス度といいます。1742年、スウェーデンの天文学者アンデルス・セルシウスが考案したことから、こうよばれます。

セルシウスは、水が氷になる温度（凝固点）と沸とうする温度（沸点）の間を100等分した目盛りを考えました。

100という数値があつかいやすかったために、このような分割をしたわけですが、当時は現在とは逆で凝固点が100度、沸点が0度でした。1744年に、現在と同じ水の凝固点が0度、沸点が100度となりました。

●セルシウス

◀セルシウスは100度までの目盛りがついた温度計をつくったよ。

こんなところで使われている！

温度計　体温計　エアコン

どんな単位？

暑いなぁ……今、何度？

今日は暑いねぇ。今はカ氏で表すと86度だよ。

ええ!?　86度って、そんな気温になることなんて、ありえるの？

ごめんごめん、落ち着いて。カ氏っていう温度もあるんだ。ふだん使っている温度計で見ると、30度だね。

もー！　おどろかせないでよ！

● セ氏は「セルシウスさん」という意味だった！

　セルシウス度はセ氏0度と表示します。「セ氏」の「セ」はセルシウスの「セ」で、「氏」は「さん」という意味です。そして、セルシウスの名前を漢字で表したときに頭文字が「摂」となることから、摂氏温度ともいわれています。
　名前の頭文字がつく単位はいくつもありますが、温度の場合は漢字が使われています。

度のなるほど話

アメリカで使われるカ氏温度

　日本ではおもにセ氏温度が使われますが、アメリカなどでは、カ氏温度（記号はF°）が使われています。ドイツの物理学者ガブリエル・ファーレンハイトが、当時つくることができた最低温度と健康な男性の体温との差を96等分することで生まれた単位です。ファーレンハイトの「ファー」を漢字で表すと「華」になるため、華氏（カ氏）となりました。
　セ氏0度のときカ氏32度となり、セ氏50度のときカ氏122度となります。セ氏が5度上がると、セ氏は9度上がる関係になっています。

セ氏とカ氏の両方の目盛りが書かれている便利な温度計もあるよ。

さまざまな温度のひみつ

セ氏やカ氏のほかにも、温度の単位はたくさんあるよ。どんな人が考えた、どんな単位なのかを見てみよう。

水がこおるのは0度、水が沸とうするのは33度！

ニュートン度 °N

人間の体温	12.144度
水の凝固点（こおる温度）	0度
水の沸点	33度
太陽の表面温度	1823度

ニュートン度（°N）

　ニュートン度は、1700年ごろにイギリスの科学者アイザック・ニュートンがつくった温度の単位です。

　ニュートンは温度の基準となるいくつかのモノを調べて、ニュートン度をつくりました。

　しかし、その基準が少なく、あまり使い勝手がよくない単位でした。最終的には、水が沸とうする温度は33度、こおる温度は0度としました。

赤ワインを使って温度計をつくったんだ。

レーマー度 °Rø

人間の体温	26.82度
水の凝固点	7.5度
水の沸点	60度
太陽の表面温度	2909度

レーマー度（°Rø）

　レーマー度は、デンマークの天文学者オーレ・レーマーがつくった温度の単位で、レイ氏温度ともいいます。

　レーマーは塩水がこおる温度を0度、水の沸とうする温度を60度とし、その間を60等分しました。そのあと、水がこおる温度は7.5度とされました。ちなみにレーマーは、温度計の中に入れる液体に赤ワインを使っていたそうです。

234

●セ氏温度（℃）の場合

人間の体温	36.8度
水の凝固点（こおる温度）	0度
水の沸点	100度
太陽の表面温度	6000度

この4つの温度の単位は、1700年代、1800年代につくられたけど、今ではほとんど使われていないんだ。

沸点が80度だから、セ氏温度に近いよ。

どれも数値が大きくなるので、覚えにくいかも。

レオミュール度 °R

人間の体温	29.44度
水の凝固点	0度
水の沸点	80度
太陽の表面温度	4421度

ランキン度 °Ra

人間の体温	557.91度
水の凝固点	491.67度
水の沸点	671.67度
太陽の表面温度	10440度

レオミュール度（°R）

レオミュール度は、1730年にフランスの物理学者ルネ・レオミュールがつくった温度の単位で、レ氏温度ともいいます。

水がこおる温度を0度とし、沸とうする温度を80度としました。

レオミュール度はセルシウス度とほぼ同じような基準でつくられていました。そのため、セルシウス度が広がったこともあり、現在ほとんど使われなくなりました。

ランキン度（°Ra）

ランキン度は、イギリスの物理学者ウィリアム・ランキンがつくった温度の単位で、ラン氏温度ともいいます。

もっとも低い温度とされている絶対零度（くわしくは238ページ）を0度とし、1度ごとの間隔はカ氏の温度と同じはばでつくられています。アメリカで使われましたが、カ氏が広まったこともあり、ランキン度はあまり使われませんでした。

世界と日本のびっくり温度

日本や世界でこれまでに観測されている、最高気温や最低気温をまとめたよ。びっくりするような記録だらけなんだ。

日本の最高気温と最低気温

記録に残っている気温でもっとも低かったのは、1902年1月25日に、北海道の旭川市で記録されたマイナス41.0度です。

沖縄県の平均気温（1981～2010年）23.1℃

旭川市　一番寒い －41℃

一番暑い 41℃　四万十市

富士山の山頂 －38℃

日本一高い富士山の山頂でもかなり低い温度を記録していますが、それでもマイナス38.0度。最低気温には届きません。

日本の歴代最高気温は2000年代に更新されています。2007年8月16日の埼玉県熊谷市と岐阜県多治見市で40.9度を記録し、1933年7月25日に山形県山形市で記録された40.8度を74年ぶりに上回りました。さらに2013年8月、高知県四万十市で41.0度を記録しました。

最高気温は、まだまだ上がるかもしれないよ。

●富士山の山頂の測候所

●四万十市の四万十川

●旭川市

世界の最高気温と最低気温

記録として残っている世界最高気温は、日本の最高気温よりもさらに高く、50度を超えています。

1913年7月10日にアメリカのデスバレーで56.7度が観測されています。ただし、観測する機械に問題があった可能性もあるため正確な記録とはいえません。

次に高い気温が、2016年7月21日にクウェートで観測された54.0度です。

逆に、最低気温は2010年8月10日に南極大陸の東部にある東南極高原という場所でマイナス93.2度が記録されています。ただし、この場所で観測されたのは地表面の温度なので、気温ではありません。

正確な最低気温としては、1983年7月21日に同じ南極大陸のボストーク基地で観測されたマイナス89.2度があります。

●南極大陸

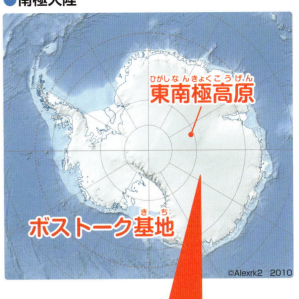

▲南極大陸にあるロシアの基地だよ。

ボストーク基地の見た目はそんなに寒そうじゃないのにね。

もっと知りたい！ 宇宙最高の温度、最低の温度

宇宙の中でもっとも温度が低い場所は、マイナス272度と予想されています。そもそも宇宙空間はマイナス270度といわれているので、宇宙のほとんどは地球上でありえない低温であることがわかります。

また、存在しているもっとも温度が高い星はカシオペア座にある「超新星」の残がいとされています。超新星とは、寿命をむかえた星です。その温度は、1000億度にもなるといわれています。

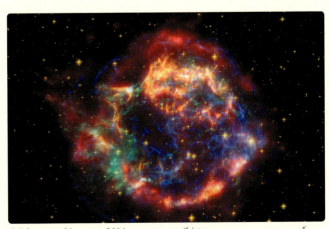

地球から1万1000光年もはなれた場所にある、「カシオペア座A」という超新星の残がいだよ。

ケルビン　K

絶対零度ともよばれる温度の単位「ケルビン」。これ以上低い温度はないそうだ。どうして、こんな名前がついたのだろう？

これが1ケルビンとほぼ同じ温度である、ブーメラン星雲だよ。

どうやってできた？ 1848年、イギリスの物理学者ケルビン卿が考えた

温度の単位には、セ氏やカ氏（233ページ）のほかにケルビンがあります。

この単位は、すべてのモノをつくっている原子や分子の動きをもとにつくられています。じつは、原子や分子が動くことで熱が発生することがわかっています。

あらゆる原子や分子が止まっている状態が、もっとも低い温度となり、0ケルビンです。この温度を「絶対零度」といいます。この温度をセ氏で表すと、マイナス273.15度となります。

絶対零度の考え方を導入したケルビン卿が、名前の由来です。

●ケルビン卿

◀本名は、ウイリアム・トムソン。熱力学などの分野での研究が認められて、男爵となり、ケルビン卿とよばれた。

リニアモーターカー

絶対零度って聞いたことあるけど、水がこおる0度とはちがうの？

そうだね、水がこおる0度よりはるかに低い温度が絶対零度だよ。なんと、マイナス273.15度。これが0ケルビンという温度さ。

えええ？　ぜんぜん想像できないよ。

想像できないよね。ちなみに宇宙空間は、この絶対零度にかなり近い、3ケルビンくらいの温度だそうだ。

マイナス270度ってことだよね。さむっ！

●超伝導とケルビン

日本では、「超伝導」という技術を利用したリニアモーターカーが開発されています。超伝導とは、電気が流れる金属を0ケルビン（絶対零度）に近い温度まで冷やして電気を流すと、電気が永久的に流れるということをいいます。

この技術を使って、超伝導磁石をつくり、車両を走らせるのです。

ケルビンのへぇ～な話

色の温度にも使われるケルビン

ケルビンは、宇宙開発や最先端の技術などで使われる温度の単位ですが、身近なところでも目にすることがあります。それは、電球の色です。

光の色を温度で示す「色温度」の単位としてもケルビンが使われているのです。

たとえば、自動車のヘッドライトの場合、オレンジや黄色っぽいものが3000ケルビンくらいで「色温度が低い」とされています。5000から1万、1万5000と色温度が高くなると、光の色は白から青白くなっていきます。

白っぽく見えるほど、色温度が高いんだよ。

世界のふしぎな単位❻
力（ちから）

機械が登場する前は動物が運び役

自動車や電車などの交通機関ができるまでは、遠くまで移動するときや大きな荷物を運ぶとき、動物を利用していました。

とくに馬は力が強く体力もあったため、乗り物としても荷物の運び役としても活用され、馬がモノを運ぶ力をもとにした単位もつくられました。

> 荷物を運ぶために使われる動物のことを「駄獣」というよ。

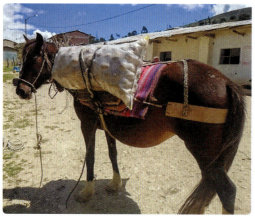

▲馬の仕事率（パワー）から名づけられた単位だよ。

馬力　PS

「馬力」という言葉を聞いたことはありますか？　むかし、自動車のエンジンなどで馬力という単位が使われていました。この単位が表すのは、「1秒間にどれだけの重さのものをどれだけ移動させることができるか」というパワー（仕事率）です。

自動車や飛行機、船などの乗り物などにこの馬力が使われていました。現在は、仕事率を表す単位にワットが使われています。

名前の由来はやっぱり馬の力

1馬力は「1秒間に75キログラム重の力で物体を垂直方向に1メートル持ち上げたときの仕事率」です。

簡単にいうと、75キログラムのおもりを1秒で1メートル持ち上げることができる力ということです。

単位の名前をつけたのはワットの単位の由来であるジェームズ・ワットです。

自分が改良した蒸気機関というしくみがどのくらいの力で動くかを調べるとき、馬の力を基準にしたことから、馬力という単位が生まれました。

**86キロワット
＝
116.9馬力**

おまけ

単位の仲間

単位ではないけど、よく見かけるモノを紹介するよ。

単位じゃないけどよく見かけるモノ？

パーセント ％

全体を100としたときの割合を示したり、確率の数値を表すときに使われるのが、「パーセント」だよ。

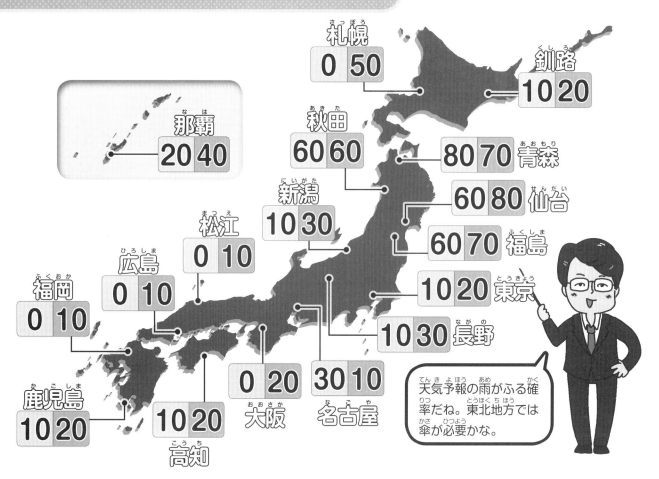

どうやってできた？ お金の計算をわかりやすくするために考えだされた

パーセントは全体の量や数を100としたときに、どれくらいかを表す単位です。百分率ともいいます。

たとえば、200個あるりんごのうち40個のりんごをもらったとしたら、20パーセントのりんごをもらったことになります。

15世紀ごろまではパーセントのような考え方がなく、「200分の40」というような分数を使っていました。しかし、商売などで計算するときに不便だったため、このパーセントが考えだされました。

また、全体を10としたときに、どれくらいになるかを「割」で示すこともできます。

●漢字で表すと「割」

$$\frac{40}{200} = 20\% = 2割$$

▲200個のうちの40個という割合は、100個のうちの20個だから20パーセント、10個のうちの2個だから、2割ともいえるよ。

こんなところで使われている！

サイコロ　　商品の値引きシール

▲サイコロには1から6までの数字が書かれている。そのうち、1が出る確率は、6分の1＝約16.67パーセントだ。

● 記号の意味

パーセントは記号で「％」と表しますが、この記号にある「º」は「ゼロ」を表します。

パーセントができたころは、「per 100」や「per cento」と表していましたが、頭文字のPとC、そして最後の文字Oを小さくした「PCº」と書くようになりました。

このCºのCの形がくずれて％となり、さらに゜が「0」を意味することになりました。

どんな単位？

どうして、晴れる確率、くもる確率っていわないの？

 どうしてだと思う？

晴れる確率っていわれても……。そうか、わかった！

 何がわかったの？

雨のふる確率がわかると、傘を用意しなきゃって思うからよ！

 そうだね。雨がふると遠足や運動会も中止になるから、判断してもらうためにも伝えているんだよ。

パーセントのびっくりする話

「降水確率」のひみつ

天気予報で発表される雨のふる確率「降水確率」の「ふる雨の量」は、右の図のように「底面積が1メートル×1メートルの箱に深さ1ミリメートル以上たまる量」で考えられています。それも「最低」1ミリメートルで、もっと多いかもしれません。

さらに、1ミリメートル未満の雨は、たとえ0.9ミリメートルでも0と数えるので、「0パーセント」という予報になります。

また、たとえば「降水確率30パーセント」とは、過去に100回同じような大気の状況があった中で、約30回は1ミリメートル以上の雨がふったことを表します。

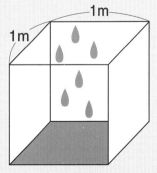

「1時間に100ミリの雨」というときは、この箱にたまる水の量が100ミリメートル（10センチ）になるよ。

いろいろな確率と割合

確率や割合は、パーセントを使って表すよ。よくあることから、めったにないことの起こる確率までを見てみよう。

日本で双子が生まれる確率　1.98%

宝くじ（1等）が当たる確率　0.00001%

日本人の左ききの人の割合　約10%

おみくじ（凶）を引く確率　30%（浅草寺の場合）

双子が生まれる確率

　めずらしいといえば、双子です。日本で双子が生まれる確率を計算しましょう。
　日本では、2016年に97万6978人が生まれました。そのうち、1万9364人が双子です。したがって、双子が生まれる確率は、1.98パーセントです。
　また、日本人の中で左ききの人の割合は、約10パーセントといわれています。
　国や地域によって割合はバラバラですが、世界全体で見ると、やはり10パーセントくらいになるそうです。

くじの確率

　くじが当たる確率を調べてみましょう。
　ある宝くじでは、1等が60本あります。この宝くじは、合計6億枚発行されていました。
　つまり、1等の当選確率は6億分の60で、0.00001パーセントです。
　神社やお寺ごとに割合が決まっているおみくじは、はっきりした当選確率はわかりません。ただし、東京の浅草寺では、おみくじ100本のうち、17本が大吉、凶が30本と決まっているそうです。すなわち大吉を引く確率が17パーセント、凶を引く確率は30パーセントです。

●同じ誕生日の人がいる確率

A君以外に生まれの人がいる確率

$\frac{1}{365}$ = 約0.0027
　　 = 0.27%

誕生日が同じでない確率

2人目　　　3人目　　　　　　23人目

$\frac{364}{365}$ × $\frac{363}{365}$ × ‥‥ × $\frac{343}{365}$ = 約0.4927

誕生日が同じである確率　　1 - 0.4927 = 0.5073
　　　　　　　　　　　　　　　約**50%**

クラスの中に同じ誕生日の人がいる確率って、けっこう高いのね。

　クラスのなかで、同じ誕生日の人がいる確率を調べてみましょう。
　クラスの人数が23名の場合を考えてみます。まず、全員がちがう誕生日になる確率を求めます。2人目の人が1人目の人と誕生日がことなる確率は365分の364。3人目の人がこの2人と誕生日がことなる確率は365分の363。4人目、5人目と続けて、23人目の人が残り22人と誕生日がことなる確率は365分の343となるので、全員がちがう誕生日になる確率は $\frac{364}{365} \times \frac{363}{365} \cdots \times \frac{343}{365}$ = 約0.4927……となります。
　この逆を考えて、クラスに少なくとも1組同じ誕生日の人がいる確率は、1-0.4927=0.5073、すなわち約50パーセントです。35人なら確率は80パーセントを超え、57人いれば確率は、なんと99パーセントになります。

ジャンケンで勝つ確率

　グー、チョキ、パーを出し合うジャンケン。勝つ確率を計算してみましょう。
　自分が出せる手は3つ。相手が出せる手も3つです。「ジャンケン、ポン！」と出したときの組み合わせは、3×3の9通りです。
　そのうち勝つ場合は、グーで勝つ（相手がチョキ）、チョキで勝つ（相手がパー）、パーで勝つ（相手がグー）の3通り。それ以外は、あいこか負けです。したがって、ジャンケンで勝つ確率は33.3パーセントということになります。

指数

モノの値段に関係する「物価指数」、天気予報に出てくる「洗濯指数」テレビや新聞には、たくさんの指数が登場するよ。

買い物をしたときの値段をもとに表される指数は、物価指数というよ。

 モノの値段の変動がわかる 消費者物価指数

　変動する数値の大小を、比率などの形にして表した目印となる数値を「指数」といいます。

　たとえば、「消費者物価指数」は、全国のお店で売っているモノやサービスの値段の変動を表す指数です。消費者とは、モノやサービスにお金をはらう私たちのことです。物価指数は、ある時期のモノやサービスの値段を100として、現在の値段を表した数値です。値段が上がっていれば100より大きくなり、値段が下がっていれば100より小さくなります。

　日本では、1946年から毎月、このデータがとられています。

●消費者物価指数の移り変わり

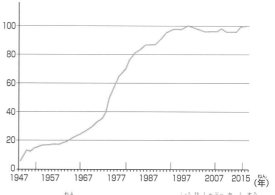

▲2015年を100としたときの消費者物価指数の変化だよ。昔は物価が安かったんだね。

指数

こんなところで使われている！

洗濯指数

◀ 洗濯もののかわきやすさを表す数字だよ。天気予報会社が、その日の雲の量や気温、風の強さ、湿度などをもとに、独自に計算しているんだ。最大が100で、数字が高くなるほど「洗濯ものがかわきやすい」という見方をするよ。

知能指数

◀ クイズ番組やドリルに出てくるIQとは、「知能指数」のこと。簡単にいうと、テストの結果から表される知能の高さを表す数字だ。小学校でも、この知能指数を調べるテストが行われている。多くの人が100前後の数字になり、飛び抜けて高い人は200を超えることもあるよ。

どんな単位？

天気予報で「あしたのお出かけ指数」が80だっていってたよ。どういう指数？

0から100で表される指数だよ。80なら、けっこう高いね。あしたはお出かけびよりってことじゃないかな。

でも、「うるおい指数」は10だったわ。これって、お肌が乾燥しやすいかもってこと？

同じく0から100で表される指数で、数値が小さいほど肌荒れしやすいってことだよ。

気をつけよっと！

指数のなるほど話

指数のもうひとつの意味

「指数」という言葉には、物価指数や洗濯指数のような、性質や状態を表す数値という意味のほかに、もうひとつの意味があります。

同じ数や単位を何回かかけたときも使います。たとえば、一辺が2メートルの立方体の体積は、2メートル×2メートル×2メートルで計算します。この計算式は、2メートル3回かけるので、$2^3 m^3$と表します。2の右上にある小さな数字3が、指数です。また、立方体の体積の単位は「m^3」で表します。mの右上につく3も指数です。同じように、面積の単位を表すm^2の2も指数です。

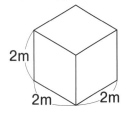

$= 2m \times 2m \times 2m$
$= 2^3 \, m \times m \times m$ → 指数
$= 8m^3$

50音順さくいん

あ

アール	112, 122, 123
アールピーエス	168
アールピーエム	168
麻番手	105
アポロ13号	161
アルカリ性	230, 231
アンペア	36, 42, 44, 45, 178, 179, 180, 184

い

一文銭	100
一貫文	100
一般用液量バレル	139
色温度	239
インチ	64, 65, 66, 67
引力	217

う

うるう年	153
うるう秒	147
上皿てんびん	93
上皿はかり	48
ウンキア	67

え

エーカー	124, 125
英寸	67
衛星放送	191
英トン	95
エドワード1世	124
エリザベス1世	70, 96
円	103
遠心力	217

お

オーム	186, 187
オームの法則	186
大麦	38, 65, 86, 96
オクターブ	208
音階	208
オングストローム	84
オンス	98, 99
音速	160
音程	208
温度計	49

か

海溝型地震	226
解像度	204, 205
海里	72, 73, 158
ガウス	194
加賀百万石	141
確率	242, 243, 244, 245
カ氏	233, 235, 238
可視光線	49
画素	206, 207
加速度	216, 218
活断層	226
ガラス坪	129
カラット	106, 107
ガリレオ・ガリレイ	161
カロリー	210, 211, 212, 213, 214, 215
ガロン	136, 137, 138
貫	100, 101
カンデラ	36, 42, 44, 45, 170, 171, 172, 173
乾量バレル	139

き

ギガグラム	91
ギガバイト	201
ギガビーピーエス	163
ギガヘルツ	191
ギガメートル	61
基礎代謝	213
基本単位	37, 44, 45, 170
キュービット	38, 56, 57

旧暦 ……………………………………… 153
凝固点 ……………………………… 232, 234, 235
キログラム ……… 36, 42, 43, 44, 45, 50, 51, 52, 88,
89, 90, 91, 92, 93, 94, 95, 96, 97,
110, 135, 141, 216, 218, 223
キログラム原器 ………………………… 37, 43, 93
キロバイト …………………………………… 201
キロビーピーエス …………………………… 163
キロ秒 ……………………………………… 149
キロメートル …… 52, 61, 79, 114, 116, 148, 154, 155
キロメートル毎時 ……………… 154, 155, 157
斤 …………………………………………… 102
金 …………………………………………… 107
銀河 ………………………………………… 53
銀河系 ……………………………………… 79
緊急地震速報 ……………………………… 229
筋肉 ………………………………………… 92

く

クォート ……………………………………… 137
グデア ……………………………………… 38, 39
くびき ……………………………………… 124
組立単位 …………………………………… 44, 45
グラム ……………… 86, 90, 102, 103, 106, 141, 215
グレーン …………………………………… 88, 96

け

計量カップ ………………………………… 134, 135
計量スプーン ………………………………… 135
ケルビン ………………… 42, 43, 44, 45, 238, 239
間 ………………………………………… 76, 77
原子 ……………………………………… 84, 93, 238
原子核 ……………………………………… 84

こ

合 ………………………………………… 140, 141
降水確率 …………………………………… 243
光束 ………………………………………… 172

光速 ………………………………………… 161
光度 ……………………………………… 170, 172
光年 ……………………………………… 78, 79, 80, 81
刻 …………………………………………… 164
石 ………………………………………… 140, 141
国際インチ ………………………………… 65
国際海里 …………………………………… 72
国際単位系 ………………………………… 42, 44
国際電気会議 …………………………… 178, 180
国際度量衡局 ……………………………… 43
国際度量衡総会 ……… 42, 43, 44, 170, 216, 220
国際フィート ……………………………… 64
国際マイル ………………………………… 71
国際ヤード ………………………………… 69, 70
石高 ………………………………………… 140
古代エジプト ………………… 39, 64, 146, 152
古代ギリシャ ………………… 62, 70, 176
古代バビロニア ……………………… 146, 150
古代メソポタミア ………… 39, 56, 57, 86, 96
古代ローマ ……………………… 70, 98, 104

さ

再生可能エネルギー ……………………… 183
三角測量 …………………………………… 46
酸性 ……………………………………… 230, 231

し

シーシー …………………………………… 135
シーベルト ………………………… 196, 197, 198
時間 ……………………………………… 146, 148
シケル …………………………………… 86, 87, 96
子午線 ……………………………………… 40, 58
仕事率 …………………………………… 184, 240
仕事量 …………………………… 184, 185, 215
地震計 ……………………………………… 229
指数 ……………………………………… 246, 247
自然光 ……………………………………… 175
時速 ……………………………………… 154, 157

50音順さくいん

尺	74, 75, 76
尺坪	129
尺八	75
尺貫法	100, 126
ジュール	214, 215
週	150, 152
周波数	171, 188, 189, 190, 191
重力	216, 217, 218
重力加速度	48, 218
升	140, 141
丈	76, 77
畳	128
蒸気機関	184, 185, 240
照度	173
小の月	151
消費者物価指数	246
磁力	194
人工光	175
身長計	46
震度	224, 227, 228, 229
振動	193

す

水銀	222
スパン	57
スペクトル	49
寸	74, 75, 76
寸坪	129

せ

畝	126, 127, 128
静電気	179
赤外線	49
セ氏	233, 235, 238
絶縁体	187
絶対等級	177
絶対零度	238, 239

接頭辞	60, 61, 90, 114, 134, 135, 149, 179, 201, 207, 220
セルシウス度	232, 235
銭	100
センチメートル	36, 60, 88, 114, 140
センチメートル毎秒	157
繊度	105

そ

ソーラーパネル	183
臓器	92
測量マイル	71

た

太陰太陽暦	152, 153
太陰暦	152
体温計	49
対角線	62, 67
大気	220
大気圧	36, 220, 221, 222, 223
体重計	48, 89
大の月	151
ダイヤモンド	106
太陽光	183
太陽質量	110
太陽暦	152
タレーラン	40, 41, 58
反	126, 127, 129

ち

地球質量	110
中性	230, 231
町	76, 77, 126, 127, 129
超音速	160
超新星	237
超伝導	239

つ

通信速度	162, 163
月	150, 151, 152
月質量	110
坪	129

て

ディーピーアイ	37, 204, 205
ディジット	39, 57
デシベル	192, 193
デシリットル	134
テスラ	45, 194, 195
テックス	105
デナリウス	104
デニール	104, 105
テラバイト	201
電圧	180, 181, 182, 183, 184, 186
電気抵抗	186
電子はかり	48
電子メジャー	46
電波	46, 188, 189, 190, 191
てんびん	93
電流	36, 178, 179, 180, 181, 184, 186, 214
電力	183, 184, 185

と

斗	140, 141
度	45, 208, 232, 233, 234, 235, 236, 237
等級	176, 177
導体	187
ドゥヌム	144
ドット	202, 203
度量衡法	69
トロイポンド	97
トン	91, 94, 95

な

内陸型地震	226

な行（右段）

ナノグラム	91
ナノメートル	61, 73, 171
南中	146, 174

に

2進法	200
日	148, 149, 151, 152, 164
ニュートン	45, 215, 216, 217, 218
ニュートン度	234

ね

熱電対	49
熱量	210, 211, 214, 215
年	152, 153

の

ノット	158, 159

は

パーセント	242, 243, 244, 245
排他的経済水域	72, 73
バイト	37, 162, 200, 201
パイント	137
パスカル	45, 220, 221
パスカルの原理	222
パスス	39
発電所	182, 183
ハッブル宇宙望遠鏡	79
はないちもんめ	101
馬力	240
パルム	57
バレル	138, 139
半導体	187
半導体温度計	49
万有引力	48, 216, 217, 219

ひ

ピーエッチ	230, 231

251

50音順さくいん

ビーピーエス	162, 163
ピクセル	206, 207
ピコグラム	91
ピコメートル	61, 63
ビット	162, 200, 201
百分率	242
秒	36, 42, 44, 45, 146, 147, 164
標高	59

ふ

分	103
歩	126, 127
フィート	64, 65, 66, 67
風速	159
フェムトメートル	84
沸点	232, 234, 235
ブラックホール	53
フランス革命	40
ブレーカー	178
プレート	226, 228
分	36, 146, 148, 164
分銅	102, 106

へ

米トン	95
平米	116
平方キロメートル	114, 115, 116, 118, 119, 121, 122, 123, 144
平方センチメートル	114
平方デシメートル	115
平方マイル	144
平方ミリメートル	115
平方メートル	45, 112, 113, 114, 115, 116, 117, 120, 121, 122, 123, 127, 130, 144
平方メガメートル	115
ヘクタール	122, 123
ヘクトパスカル	36, 220, 221
ベクレル	197

ベル	192
ヘルツ	45, 171, 188, 189
変圧器	183
変電所	182, 183
ヘンリー1世	68
ヘンリー7世	136

ほ

放射温度計	49
放射線	196, 197, 198, 199
放射能	196, 197
法定マイル	71
北極星	80
骨	92
ボルタ電池	180
ボルト	42, 45, 180, 181, 182, 183, 184
ポンド	96, 97, 98, 99

ま

マイクログラム	91, 93
マイクロシーベルト	199
マイクロメーター	47
マイクロメートル	61
毎時シーベルト	199
マイル	70, 71, 72, 144
巻尺	46
マグニチュード	224, 225, 228
マッハ	160, 161
マンガン乾電池	181
マントル	49

み

見かけの明るさ	177
ミリグラム	90
ミリシーベルト	197, 198, 199
ミリバール	223
ミリ秒	149
ミリメートル	60, 63, 71

252

ミリリットル	134, 135, 137

め

メートル	36, 40, 41, 42, 43, 44, 45, 50, 52, 58, 59, 60, 62, 69, 70, 71, 72, 77, 78, 88, 112, 113, 130, 131, 148, 154, 158
メートル原器	43, 59
メートル条約	40, 41
メートル法	88, 94, 95, 100, 122, 126, 130, 132
メートル毎時	158
メートル毎秒	45, 53, 156
メートル毎秒毎秒	216, 218
メートル毎分	156, 157
メガグラム	91
メガバイト	201
メガビーピーエス	163
メガヘルツ	190
メガメートル	61
綿番手	105

も

毛	103
モル	44, 45
匁	100, 101

や

ヤード	41, 68, 69, 124, 125
ヤード・ポンド法	70, 94, 124, 138, 144
薬用ポンド	97

ら

ランキン度	235

り

里	76, 77
リーター	132
リットル	42, 43, 132, 133, 134, 135, 136, 137, 138, 139, 140, 141
立方センチメートル	131
立方メートル	45, 130, 131
リトロン	132
リヒタースケール	224
両	102
領海	72
厘	103

る

ルーメン	45, 172, 173
累乗	116
ルクス	45, 172, 173, 174, 175

れ

レーザー顕微鏡	47
レーザー光	46, 47
レーマー度	234
レオミュール度	235
連量	93

ろ

ローマ帝国	64, 65
ろうこく	77, 164
ロッド	124

わ

ワット	42, 45, 184, 185
割	242
割合	244

単位記号さくいん

長さの単位

m	メートル	58
ft	フィート	64
in	インチ	64
yd	ヤード	68
mi	マイル	70
nm	海里	72
尺	尺	74
寸	寸	74
丈	丈	76
間	間	76
町	町	76
里	里	76
ly	光年	78

重さの単位

kg	キログラム	88
t	トン	94
lb	ポンド	96
貫	貫	100
匁	匁	100
D	デニール	104
ct	カラット	106

面積の単位

m²	平方メートル	112
a	アール	122
ha	ヘクタール	122
反	反	126
町	町	126
畝	畝	126
歩	歩	126

体積の単位

m³	立方メートル	130
L	リットル	132
gal	ガロン	136
bbl	バレル	138
石	石	140
斗	斗	140
升	升	140
合	合	140

時間の単位

s	秒	146
w	週	150
mon	月	150
刻	刻	164

速さの単位

km/h	キロメートル毎時	154
kt	ノット	158
M	マッハ	160
bps	ビーピーエス	162

明るさの単位

cd	カンデラ	170
lm	ルーメン	172
lx	ルクス	172
等級	等級	176

電気・磁石の単位

A	アンペア	178
V	ボルト	180
W	ワット	184
Ω	オーム	186
T	テスラ	194

周波数の単位

Hz	ヘルツ	188

音の単位

dB	デシベル	192

放射線の単位

Sv	シーベルト	196

通信・デジタルの単位

b	ビット	200
B	バイト	200
dot	ドット	202
dpi	ディーピーアイ	204
px	ピクセル	206

力・エネルギーの単位

cal	カロリー	210
J	ジュール	214
N	ニュートン	216
Pa	パスカル	220
M	マグニチュード	224
震度	震度	224

温度の単位

℃	度	232
K	ケルビン	238

そのほかの単位

pH	ピーエッチ	230
%	パーセント	242
指数	指数	246

● 編集・構成・DTP
造事務所

● 文
横山明日希（数学のお兄さん）
藤原綾依

● 写真
栗田直幸
山里將樹
Shutterstock
Pixtabay
写真AC

● イラスト、図
深蔵
原田弘和
イラストAC

● 装丁
cycledesign

● 本文デザイン
クラップス（佐藤かおり）

● 校閲・校正
鷗来堂

● 監修　桜井 進

1968年、山形県生まれ。サイエンスナビゲーター®、株式会社sakurAi Science Factory 代表取締役。東京工業大学理学部数学科卒、同大学大学院社会理工学研究科博士課程中退。東京理科大学大学院非常勤講師。一般財団法人 理数教育研究所Rimse 算数・数学の自由研究作品コンクール 中央審査委員。公益財団法人 中央教育研究所 理事、国土地理院研究評価委員会委員、高校数学教科書「数学活用」（啓林館）著者。在学中から予備校講師として教壇にたち数学や物理を楽しく分かりやすく生徒に伝える。2000年、サイエンスナビゲーター®を名のり、数学の歴史や数学者の人間ドラマを通して数学の驚きと感動を伝える講演活動をスタート。東京工業大学世界文明センターフェローを経て、現在に至る。サイエンスナビゲーターは株式会社 sakurAi Science Factoryの登録商標です。

平成30年2月15日　初版第1刷発行

監　修　桜井進（サイエンスナビゲーター®）
発行者　穂谷竹俊
発行所　株式会社 日東書院本社
　　　　〒160-0022　東京都新宿区新宿2丁目15番14号　辰巳ビル
ＴＥＬ　03-5360-7522（代表）　ＦＡＸ　03-5360-8951（販売部）
ＵＲＬ　http://www.TG-NET.co.jp
印刷・製本　図書印刷株式会社

本書の無断複写複製（コピー）は、著作権法上での例外を除き、著作者、出版社の権利侵害となります。
乱丁・落丁はお取り替えいたします。小社販売部までご連絡ください。
©Nitto Shoin Honsha CO.,LTD. 2018,Printed in Japan
ISBN 978-4-528-02008-5 C0040